土木工程概论
Introduction of Civil Engineering

于吉太　编著

东南大学出版社
·南京·

内容简介

本书是作者根据新时代工程建设要求和"新工科"建设思路,将21世纪以来的多个工程教育改革成果,结合长期在工程教育一线积累的教学经验和做法而编写。全书共6章,其中第1章大工程观与土木工程、第2章工程师与工程素养为全国同类教材首次编写,其他各章均有创新。本书内容突显"土木工程概论"课程性质和定位,教材编写始终依据初学者的认知规律和教育规律组织教材内容。在阐述土建类各专业基础知识时为了避免抽象、枯燥,教材编写充分运用信息技术,以大量的真实画面和立体感视觉,增加教材的趣味性,且画面针对性强,密切配合主题,把枯燥的基本原理及内容,化难为易,激活了文字内容。教材列举的案例真实、生动、现实、全新,有鲜明的时代感。教材文字表述通俗易懂、简明扼要。本教材教学内容经过多轮教学实践表明,不仅是受高校欢迎的教材;同时由于建设新工科要拓宽文化视角,各类学科要打通,也是文科、理科、非土建类工科学生了解土建工程设施的启蒙教材和读物;在当前土建施工企业创建文明、安全施工企业的活动中,也可作为职工技术培训参考教材。

图书在版编目(CIP)数据

土木工程概论 / 于吉太编著. — 南京:东南大学
出版社,2019.7 (2024.9重印)
　ISBN 978-7-5641-8418-6

Ⅰ.①土…　Ⅱ.①于…　Ⅲ.①土木工程-高等学校-
教材　Ⅳ.①TU

中国版本图书馆 CIP 数据核字(2019)第 095175 号

土木工程概论
Tumu Gongcheng Gailun

编　　著:	于吉太
出版发行:	东南大学出版社
社　　址:	南京市四牌楼 2 号　邮编:210096
出 版 人:	江建中
责任编辑:	史建农
网　　址:	http://www.seupress.com
电子邮箱:	press@seupress.com
经　　销:	全国各地新华书店
印　　刷:	江阴金马印刷有限公司
开　　本:	787mm×1092mm　1/16
印　　张:	16.5
字　　数:	420 千字
版　　次:	2019 年 7 月第 1 版
印　　次:	2024 年 9 月第 2 次印刷
书　　号:	ISBN 978-7-5641-8418-6
印　　数:	4 301～5 300 册
定　　价:	78.00 元

本社图书若有印装质量问题,请直接与营销部联系。电话:025 - 83791830

序

大学是知识的殿堂，探索的故乡，更是培养高素质人才的摇篮，在这里度过的岁月是人生中最值得怀念的时光。

大学教师的三重任务：传播知识、科学研究、为社会服务。而他们最基本的职责则是致力于激发学生的主动性和积极性，做到"教书育人"。

大学生是社会的一分子，更是社会未来发展的开发研究型人才。他们期望能够在大学环境里"树立崇高的思想境界，具备远大的成才目标，获得宽阔的社会视野，建立自主的学习机制，发扬自我实现的创新精神"。

大学一年级是大学教育的"人之初"阶段。大一新生需要在进入大学的第一阶段中得到上述五个方面的初步认知，为后续学习生涯和未来前途打下良好基础。因为这种"第一认知"的烙印对一个人成长的影响是很深刻的。

土木工程系开设"土木工程概论"课程的目的是以现代的工程案例为背景，以先进的工程理念为导向，以生动的历史现实为衬托，以基本的教学规律和方法为指导，为学生在校学习和未来为人民服务的美好前景勾画出一幅可以实现的蓝图。而从大学"人之初"阶段做起，正是引导学生实现未来理想的教育需要。

"土木工程概论"是一门土木工程的专业思想教育课程，本书正是这门课程的同名教材种类。它的目的是为学生提供在大学里"为何学习、学习什么、怎样学习以及为什么这样学习"这些最基本的认知和方法。它也是一门土木工程学科和高等教育学科相结合的复合型课程。它的兴起是我国高等工程教育界的一项新思路。当前正是我国各高校土木工程系开设这门课程和编写这类教材"百花齐放"的兴旺时期。

我期望《土木工程概论》既是一本土木工程系教学的起步教材，又是一篇土木系各专业学生后续在校学习的参考文献，更期望学生们毕业后自己在工程建设中的优秀成果成为土木工程概论课程和教材中的新篇章。

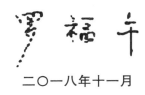

二〇一八年十一月

前　言

在本书即将出版之际，十分感谢清华大学土木系罗福午教授为本书写的序。这本书如何学？如何教？罗老的序言"从'人之初'做起"给出了极好的诠释，以及将继续深入工程教育改革，不辜负老一辈工程教育者的殷切期望。

跨入高等学校大门的土建类大学生，在准备接受专业教育之前，首先面临选择专业的纠结和困惑，诸如有的学生认为土木"又土又木"是"搬砖的"，是学习"泥瓦匠"的，给排水是修"下水道"的等片面思想认识，这需要通过工程教育引领学生正确认识。其次，结合新时代要求，引领学生正确认识土建类诸多专业方向如土木工程、建筑工程、道桥工程、工程管理、工程造价、给排水工程、环境工程及其之间的关系，打破狭隘的专业思维，客观认识所选专业发展方向。再次，工程教育专业认证标准不仅要严格把关学生毕业"出口"标准，更应该重视工程教育专业认证新生"入口"教育，避免最后算"总账"，走形式；贯彻工程教育专业认证理念，就是要高度重视学生本科教育，要面对全体学生，引领学生从入学开始瞄准工程师培养标准，从学生入学开始就调动学生的学习潜能和学习积极性，自觉培养工程师综合素质。最后，在当今世界经济由工业文明进入生态工业文明的时代，如何引领学生认识新时代工程建设特点，运用工程辩证思维方法，打破专业界限，学好土建类各专业，把土建类专业的基本理论、基本概念、基本技能学好，也为专业课和后续自主学习打下良好的基础，为今后踏入社会就业，提高职业迁移能力打好基础，这是教学的主要任务。

基于"土木工程概论"课程性质和定位，要完成上述教学任务，需解决三个问题。第一要解决教材建设问题，教学内容组织要改革、要创新、要与时俱进，要为完成上述教学任务去组织，学习内容不应该是土木工程各专业方向全部学习内容的"浓缩本"，也不应该是土木工程各专业学习方向的"压缩饼干"面面俱到。第二要解决如何教的问题，面对刚刚由高中学习阶段升入大学殿堂，对工程概念一无所知，对工程的认识脑海中"一片空白"的新生，如何依据学生的认知规律、教育规律生动有效地进行工程教育，避免教学"满堂灌""刻板化""专业化""学究化"？教学要传承中华传统文化"大道至简"的教育理念，要运用信息技术，进行教学手段、教学方法全方位的改革，提高课堂教学效果。第三要解决教学内容如何组织的问题，本课程安排在大一，土木工程本科教学规范规定该课程是必修课程，教学要有教学大纲、教学日历（教学进度安排），可教材内容多，课时又少（一般是24课时或16课时），面对这一现实问题，教学内容如何组织，对完成上述教学任务尤为重要。21世纪以来，受到工程教育前辈清华大学张光斗、罗福午等教授特别是他们热爱学生、紧密结合教学实践、深入工程教育改革的积极影响，为了传承和践行老一辈工程教育者的教学思想及实践，不辜负前辈的期望，针对上述问题的解决，我一直致力于"土木工程概论"的教学改革。2004 年,面对学校在城市建设学院构建"土建环"大平台的背景,把土木工程概论教学拓展到土建类六个专业全体学生,经过八轮教学实践,不断改革创新、持续改进,取得了成功的经验和具体做法;并在全国高校土木工程学院院长和系主任数次工作研讨会上,围绕高校工程教育改革热点问题、大工程观的教学实践、工程师培养标准、土木工程概论教学、信息技术与专业课教学等进行系列专题交流,受到同行们广泛认可。其中与罗福午老师共同撰写的论文《以现代工程为背景,进行生动有效的工程教育》刊登在《高等工程教育研究》2004 年第二期上,该文在 2005 年获得中国高等教育协会工程教育专业委员会优秀高等工程教育研究成果"优秀论文二等奖"。2013 年编者撰写的《工程教育需要大工程观的研究及教学实践》论文获得湖北省第六届教育科学优秀成果二等奖。

本书的特色之处在于:

1. 把工程教育学术界讨论的热点问题,工程教育需要大工程观的先进理念,纳入"土木工程概论"教学内容并成功引入教学实践,做到"大道至简",并把这一理念贯穿于全书始终。

2. 把工程师培养标准和当前高校工程教育专业认证紧密结合起来,既重视基于"OBE"人才质量目标"出口"教育,又重视新生"入口"教育,在老师引领下,让学生积极参与到工程教育专业认证的行列中来。

3. 结合新时代对工程建设的要求修订了土木工程传统的定义。

4. 打通土建类各专业基础知识,并对其进行整合、提炼、优化、补充,深入浅出引领读者理解深奥的土建类基础理论、基本概念。

5. 充分发挥编者运用信息技术亲自制作的数字教学资源的作用。教材编写突破了工科传统教材编辑做法,以大量的真实画面和立体感视觉,增加了教材的趣味性,把枯燥的基本理论、基本原理的讲解化难为易,激活教材内容。教材列举的案例真实、生动、现实、全新。教材文字表述通俗易懂,思想性、时代感强,是初学者学习土建工程的启蒙教材。

6. 本教材教学内容以武昌首义学院 2016 年录制完成的由编者主讲的"土木工程概论"全程教学录像 12 讲 24 课时,以及编者为教学同步制作的 PPT 为支撑。此次教材出版,为方便教师教学和学习,免费赠送由编者精心制作与教材配套的近 180 MB 的电子教学资源。联系方式:18996539136@163.com。

在教材即将出版之际,也感谢学生周镭、李守军配合老师参与编写。周镭负责把 PPT 和教学录像有关信息转换为 Word 文档格式,并参与编写了第 2 章、第 3 章有关内容,最后配合老师对全书进行了校对,并以初学者学习的视角对教材最终稿提出了建议。李守军提供了第 1 章、第 4 章、第 6 章部分工程案例。

由于作者的时间和水平有限,书中难免有不妥和错漏之处,恳请广大读者和专家批评指正。

于吉太

2019 年 6 月

目　录

1

大工程观与土木工程

学习提要

大工程观是运用唯物辩证法观察现代工程派生的先进工程教育理念。新时代工科大学生面对的工程是现代工程,现代工程的基本特征是科学性、社会性、复杂性、实践性和创新性。新时代呼唤我们,工程教育需要大工程观,要用大工程观的视角学习土木工程的定义及基本概念,了解土木工程涵盖的内容及土木工程要解决的问题,以及土木工程基本属性,明确专业学习发展方向。

1.1 大工程观

1.1.1 问题的提出

翻开首页,同学们马上看到了"大工程观"这个术语,不禁发问:什么是大工程观? 土建类大学生为什么要学习大工程观? 学习它与专业学习有关吗?

土建类大学生作为工科学生,从各自专业培养目标出发,不仅要对土建工程涉及的设计、施工、管理等技术层面及其领域要有踏实的专业技术基础,同时还要学会和掌握分析并解决工程问题的思路和方法,大工程观提供了这种方法。大工程观是当代高等工程教育先进的、科学的工程教育理念,是现代工程的产物。现代工程具有科学性、社会性、复杂性、实践性和创新性等五大特征。马克思主义基本观点告诉我们"社会存在决定社会意识",教育理念属于上层建筑意识领域范畴,现代工程实践体现的"五大特征"的现实,决定了在校学习的土建类大学生在学习专业知识时,不能把学习视野仅停留在各自专业技术层面的狭窄范围,还要根据新时代工程建设发展规律拓宽专业视野,把专业学习与现代工程背景结合起来,把专业学习与社会、经济、法律、环境、美学、人文、管理、伦理道德等非技术方面的问题结合起来,在学习中既要重视技术层面的问题,还要特别重视非技术层面的问题,提高综合素质。在专业学习中既要重视本专业的基本理论、基本技能,还要关注和接受土建类各专业,乃至其他工科专业如机、电等专业的基础知识的综合应用。新时代建筑装配工业化、建筑信息模型技术是21世纪现代土建工程的发展方向,现实社会建筑、结构、机电、信息技术、装修等行业已联合起来形成了有机的、不可分割的产业链,这是工程建设当前发展的现实。因此,在校学习土建类专业的大学生,要有跨专业、跨行业的工程思维意识,要用大工程观的视角、发展的眼光学习专业,拓宽专业知识面,这就是大工程观的朴素思想。为了了解大工程观,下面以已建成的"世纪工程",近几年经受了最强台风"山竹""天鸽"狂风巨浪考验的港珠澳跨海大桥为例进行可行性方案研究,简单介绍大工程观与解决现代工程之间的关系。

港珠澳大桥(跨海通道)是由广东省和两个特别行政区(香港、澳门)的三地政府,在"一国两制"方针指引下,共建的超大型基础设施工程,是世界最长的跨海大桥,全长55 km,其中,海中主体岛隧工程35.6 km,包括6.7 km的海底隧道以及连接隧道和桥梁的东西人工岛(见图1-1、图1-2)。大桥设计使用寿命为120年,能抗8级地震,抵御16级台风。

卧波穿海、一桥飞越、大气磅礴、雄伟壮观的港珠澳大桥

图 1-1

跨海建桥的构想早在20世纪80年代就提出来了,后经三地政府多次协商,达成共识,经国务院批准立项。从构想到确定最佳建桥方案,经历了由专家和工程技术人员上千人组建的庞大团队,从社会效益、经济效益、生态环境、水文气象、地质勘查、航运航空、桥梁工程、隧道技术、人工岛地基处理等工程技术领域广泛开展调查研究,经过近五年的辛勤合作,最终在十来个方案的比选科学论证中,确定了桥—岛—隧集群超大跨海通道的建设方案。此方案的关键问题是:为什么要在伶仃洋海域中心留出近7 km长的广阔海域,以及如何留出这片海域?

西人工岛

东人工岛

图 1-2

这里需要提及的是我国建桥技术已是世界一流,此前国内已经有了建造杭州湾跨海大桥、青岛跨海大桥等成功经验。那么港珠澳大桥为什么不选择技术已经成熟、经济费用较低的跨海建桥技术方案,而是选择了技术复杂、工程造价高的桥—岛—隧集群的建设方案?跨海通道方案最终线路(轴线)的确定,是综合考虑了以下三方面的问题,这些问题既有技术方面的问题,又有非技术方面的问题,综合考虑这些问题是由现代工程的五大特征决定的。

图 1-3

（1）考虑生态、保护环境。大桥跨越的海域是国家一级海洋保护动物中华白海豚（见图1-3）的"故乡"，如果选择单一的建桥方案，白海豚就会失去生存空间。同时在海域中心建桥，水下的桥墩数量增多，就像一道道篱笆，阻挡水流流动，使得本来就属于弱流的伶仃洋，水流流速更加缓慢，久而久之，水中携带的杂物，慢慢沉积、堆积下来，海域面积会越来越小，导致海洋生态破坏。

（2）伶仃洋通航需要。众所周知，这片海域靠近香港方向有一条深水航道——伶仃洋航道，它是全球最重要的贸易通道之一，每天有4 000多艘船只穿行，这条通道也是大型运输船只在这片海域通行的唯一通道，目前达到10万吨级通航等级，远期还要满足30万吨油轮通行。因此留出这片空白海域，可以解决伶仃洋航道船舶运营密度的现实问题。

（3）周边机场航空通航需要。留出这片海域，可使跨海大桥桥塔的设计高度降低下来，保证周边机场航空通航的要求。为保证飞机起降线，机场对周边建筑物高度是有限制的。如果采用跨海建桥方案，又要保证伶仃洋航道船舶运营，还要满足远期30万吨巨型油轮通行，桥梁必须设计成单跨1 500 m以上的多跨形式，这就决定了桥梁要建几个超过170 m的高塔，这样就不符合周边机场通航要求。正是综合考虑了伶仃洋生态保护、通航功能和航空限高等要求，并在严格周密的工程地质勘查的基础上，确定了两个人工岛的岛址和海底隧道轴线，最终形成了桥—岛—隧集群跨海通道建设方案。

6.7 km的隧道是采用图1-4所示方法一段段把在陆地建成的隧道段，在海底精准对接的；通过隧道两端东、西两座人工岛的建造，成功实现了桥梁工程与隧道工程的转换。港珠澳大桥严格意义上应当称其为港珠澳跨海通道，三地交通连接是由桥梁工程、两座人工岛、海底隧道组成的。

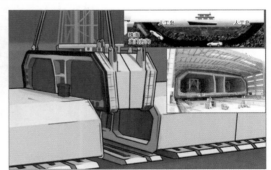

图 1-4

桥—岛—隧集群跨海通道建设方案就是这样最终确定下来的。这项超级工程给我们土建类大学生留下的学习内容还有很多。

以桥梁工程设计为例，不仅需要有深厚的专业技术理论功底，同时跨越伶仃洋海域主航道的三座桥梁主塔设计，风格各异，造型优美，是港珠澳大桥三座标志性的景观工程（见图1-5、图1-6、图1-7），体现了大桥工程设计理念与社会、地域、人文、环境、美学等诸多非技术方面的有机结合,其设计理念也体现了大工程观的辩证思维方式。

图 1-5

图 1-6

图 1-7

三座航道桥设计各有特色,"中国结""白海豚""帆船"造型组合成为伶仃洋海面上的一道道亮丽的风景线。

1.1.2 大工程观的基本概念

由上述案例可以发现,港珠澳跨海通道最终方案的确定正是考虑了现代工程具有的科学性、社会性、复杂性、实践性和创新性等特点,既考虑了技术层面的诸多问题,又考虑了非技术层面的诸多问题。因此分析现代工程问题不能只考虑狭窄的专业技术问题，把专业技术与现代工程背景割裂开来，把工程与社会、环境、经济、法律、人文情怀等诸多因素割裂开来。这就要求新时代工科大学生，在开启工程教育之门时，要把在校学习的马克思主义唯物辩证法有关课程，应用到工程实践中去；了解大工程观、学习大工程观、接受大工程观的工程辩证思维方法和先进理念。

大工程观（Engineering with a big E）即观察工程要用放大的视角，反映了人类由工业文明转入 21 世纪生态工业文明的一种教育观，是当今世界高等工程教育的潮流和方向。工程教育改革需要大工程观。

大工程观最早由美国麻省理工学院（MIT）工学院院长 Joel Moses 为代表，于 20 世纪 90 年代针对美国工程教育走了一段弯路提出来的。当时美国工程教育经历了由工程经验到工程科学的发展，高等工程教育越来越专业化、科学化、学究化，工程教育脱离工程实践日趋严重，人才培养状况很不适应现代工程的发展和需要。因此，高等工程教育要改革、要回归工程的呼声在当时的美国越来越高。

马克思主义辩证唯物主义认识论告诉我们，工程理论来源于工程实践，理论正确与否必须回归到工程实践中检验。人们对工程教育的认识，应当随着时代的变化，沿着实践—理论—再实践的闭环回路（见图 1-8），深化对工程教育改革的再认识，用先进的工程教育理念指导工程实践。大工程观就是在这样的背景下提出来的。

工程实践　　工程理论

工程再实践

图 1-8

2013 年 6 月 19 日我国正式成为《华盛顿协议》成员国，从此，我国工科类本科教学质量评估有了统一标准，它关系到我们的专业设置、办学质量经评估能否达到国际互认。2015 年 3 月我国工程教育专业认证协会颁布的工科本科毕业生 12 条质量标准，正是大工程观工程系统学在工程教育专业认证的细化，对学生毕业无论是技术层面还是非技术层面都提出了具体要求。因此新生入学后对其进行大工程观的教育尤为必要。

1.1.3　大工程观的工程表述

大工程观基本理论就是工程系统学。工程系统学是大工程观的核心，它既包含了专业技术及其本身形成的系统，又包含了与工程相关的非技术因素形成的系统，包括社会、经济、法律、美学、环境、伦理道德、人文情怀等诸多因素。

系统是由上述技术层面和非技术层面相互作用、相互依赖的诸多因素有序组合而成。一个现代工程项目就技术层面而言，要经历从构思到立项，从研究到开发、设计、制造、管理、营销、管理这样一个过程，这个过程（系统）本身是由上述环节有序串联而成，形成工程链。亦可简单概括为由研究、开发、设计、制造、运行、管理等环节组成的工程链，所有程序都是以链式环节进行的。

工程链是大工程观工程表述的一种方法（如图 1-9）。它是用系统工程学的观点把系统内凌乱的技术性与非技术性元素、部件等按其现代工程建设的内在逻辑有序组合而成的链条，链条越往前技术含量越高，越往后经济含量越高。链条中的每个环节都含有大量的技术问题、经济问题和社会问题需要妥善解决，这就要求学习专业技术不能仅局限在某个"环"中的技术问题，要用工程系统视野，打破狭隘专业壁垒，实施学科交叉，进行

工程链

图 1-9

工程知识的融合,把技术问题和经济问题、社会问题结合起来学习;同时还要把解决"环"的问题与工程系统即工程链结合起来,把专业技术问题回归到工程实践中去,把"环"与"链"整体结合起来,把"部分"与"系统"结合起来,把专业技术学习与工程结合起来;把工程与社会结合起来,把工程与经济结合起来,把工程与法律结合起来,把工程与管理结合起来,把工程与伦理道德结合起来学习。下面结合学生在导师指导下参与的一个实际"纠偏"工程项目,简单介绍如何用"工程链"的思维方法解决实际问题。

何谓"纠偏",就是由于地基不均匀沉降导致房屋发生倾斜,后面的楼由于严重倾斜将与前面的楼"亲密接触",如果不及时纠偏,不及时加固,居民生活将受到影响,严重的房屋会倒塌,生命会受到威胁。如图 1-10,把图 a 变为图 b,就是纠偏工程。毫无疑问,涉及"纠偏"技术相关的计算理论,如何把纠偏方案设计出来是此工程项目的重要内容,它是工程链中处于中间的重要一环。但做此工程项目,设计不能只考虑工程链中的一个环节,而忽略前后环节对工程项目的影响,不调查研究,不考虑工程实际情况做工程是行不通的。该工程项目地处闹市区,施工作业面环境狭小,施工还不能影响周边交通运行,同时纠偏不能对楼里居民正常生活造成影响,地下市政管网也不能中断破坏,这些实际问题都必须在设计方案、施工方案、施工管理、工程造价中有所体现。

纠偏前,两楼已"亲密接触"

a

纠偏后两楼分离

b

图 1-10

这个工程项目启示我们,无论是设计方案还是施工方案、技术方案的实施,都一定要纳入工程背景和工程环境中,把一个具体的工程项目放到工程链条中统筹考虑,要把各技术环节局部考虑的问题与工程链整体结合起来考虑。这就是大工程观派生的"工程链"的工程思维方法。中国工程教育专业认证协会颁布的工科大学生培养 12 条标准第六条就是这样要求的。第六条指出:"要把工程技术问题与社会问题结合起来考虑。要学会能够基于工程相关背景知识进行合理分析,评价专业工程实践和复杂工程问题解决方案对社会、健康、安全、法律以及文化的影响,并理解应承担的责任。"

1.1.4　大工程观的哲学表述

大工程观顾名思义,即把视角放大观察外界工程,从这个意义上来说,大工程观属于哲学范畴,它是观察工程所特有的一种世界观和方法论。

用科学的辩证唯物主义认识论诠释,大工程观这一先进的教育理念,来源于工程实践,同时反过来指导工程实践并被工程实践所检验。从这个意义上来说,大工程观无疑是现代工程实践派生的一种新的教育理念。其实在工程教育中强调遵循现代工程建设的内在规律,倡导工程辩证思维方法,而不是用形而上学的方法,就是按照毛泽东同志早在 1937 年 8 月写的《矛盾论》所阐述的"学会用唯物辩证法观察世界"。

当代世界工程建设已从旧的工业革命时代进入到生态工业文明时代。用静止的、孤立的、一成不变的眼光恪守专业设置从属的狭窄行业,显然不适应当代围绕工程建设行业大联合、大发展的趋势。要用大工程观的工程辩证思维方法,培养学生根据 21 世纪世界经济转型和现代工程特征

图 1-11

的变化,学会全面而不是片面、发展而不是静止、联系而不是孤立、整体而不是局部零碎地学习专业领域的工程技术问题,学会用马克思主义唯物辩证法指导专业学习,把握专业学习发展方向。

1.1.5　工程教育中自觉接受大工程观

21 世纪人才培养方向,无论是就业还是继续深造,新时代需要的工科大学生都是复合型、应用型、创新型人才。这就要求在专业学习中,学习大工程观,接受大工程观,在学好自身专业基本理论、基本观点、基本技能"三基"的同时,要用大工程观的视野,打破专业壁垒,拓宽专业知识面,积累丰富的土建工程基础知识,为后续就业、深造培养职业迁移能力和提高工程能力。

笔者亲身见证过学生学习了大工程观后成人成才的经历,思想深处发生的深刻变化,脑海产生共鸣,心灵得到洗礼。有的学生毕业后继续深造,将土木工程专业知识拓宽,并与法律知识紧密结合,成为某律师所的首席律师,在处理工程与法律相关问题时得心应手;还有不少学生不满足在学校所学的专业知识,结合工程实践继续学习,把房建工程与道桥工程、管道工程、工程管理等专业知识紧密结合起来,工作中独当一面,成了企业的生产经理;还有的学生在科研方向上,把土木工程技术与生物工程技术结合起来,用于土木工程地基处理新技术的研究和开发。学生成长成才的经历说明工程教育确实需要大工程观,毛泽东早就号召我们"让哲学从哲学家的课堂上和书本里解放出来,变为群众手里的尖锐武器"。笔者在高校的教学实践中体会到只要坚持正确的工程教育改革方向,坚持以学生为中心,用唯物辩证法引导大学生认识大工程观、学习大工程观,破除大工程观理论上的神秘色彩。

从新生入学开始,正确引导当代大学生用工程辩证思维方法认识工程,了解工程,在工程教育中大工程观先进教育理念是完全可以为大学生接受,并能发挥巨大的精神引领作用的。

1.2 土木工程定义及涵盖内容

1.2.1 定义

传统的土木工程定义是:"土木工程是建造各类工程设施的科学技术的统称。它既指工程建设的对象,即建造在地上、地下、水中的各种工程设施,也指所应用的材料、设备和所进行的勘测、设计、施工、保养、维修等专业技术。"(《中国土木工程指南》,科学出版社,1993年4月)

21世纪世界经济由工业文明时代进入生态工业文明时代,因此各类工程设施建设不能仅停留在建造技术上,还要考虑对环境的修复和生态保护。关于工程建设与保护生态的关系,习近平总书记在推动长江经济带发展的有关座谈会上多次强调,要处理好开发建设与保护生态的辩证关系,他说:"要把修复长江生态环境摆在压倒性位置,共抓大保护,不搞大开发,不搞大开发不是不要开发,而是不搞破坏性开发,要走生态优先、绿色发展之路。"

基于21世纪时代特征和国家治国理政政策导向,本教材建议将土木工程传统定义加上"节能减排,有利环保"八个字。即:什么是土木工程? 土木工程(Civil Engineering)是建造节能减排,有利环保(Energy Saving and Emission Reduction, Vantage Environmental Protection)的各类土建工程设施的科学技术的统称。

土木工程英文是 Civil Engineering,追根究源直译是"民用工程",原意是指与军事工程(Military Engineering)所对应的所有民用工程设施类型。它既包括现在意义上所指的土木工程,又包括机械工程(Mechanical Engineering)、电气工程(Electric Engineering)、化工工程(Chemical Engineering)等,后来随着工业革命科学技术的发展,机械、电气、化工等领域逐渐形成独立的学科而从民用工程中分离出去,Civil Engineering 就演变成了现在的意义,成为土木工程定义的专用术语,沿用至今。传统土木工程涵盖了房屋建筑、公路桥梁、铁路隧道、市政工程、港口码头、水利水电等诸多民用工程设施。21世纪随着人工智能、大数据、建筑装配工业化等在土木工程领域的广泛应用,土木工程与机械、电气、生物、计算机工程等学科融合发展的趋势日益显著,土木工程涵盖的内容又回归到民用工程的最初内容。现在有的土建类高校正是在这种背景下,将传统土建类工科改造为"新工科"或有条件一步到位设置土建类新工科,这是工程教育改革发展的必然趋势。

1.2.2 土木工程涵盖的内容

土木工程涵盖的内容可从以下两方面来理解:

一方面,指用工程材料如土、石、砖、木、钢筋砼、建筑塑料、铝合金修建与人类生活、生产活动有关的各类土建工程设施。这段话里有一个字很有意思,即"砼",初学者对它很陌生,甚至根本不认识它。它由"人""工""石"三个字构成,顺时针读就是"人造的石头"——"人工石"

图 1-12

（见图 1-12），即混凝土，拼音是 tóng，它是由细骨料砂子、粗骨料石子和水泥浆按一定比例

a　　　　　　　　　　　　b

图 1-13

拌和形成的。图 1-13 是砼在实验室的样子：图 a 中混凝土是由粗骨料石子、细骨料砂子、水泥浆按一定比例拌和而成，呈塑性流动状态；图 b 是在实验室按设计要求制作出来的混凝

a　　　　　　　　　　　　b

图 1-14

土试块，试块像石头一样坚硬结实。图 1-14 是混凝土在施工现场的样子：图 a 是工人正将混凝土泵车运进工地的商品混凝土浇筑到各种成型的模具里，此时混凝土呈现流动稀稠的物理状态，还未成型，没有产生强度；图 b 是混凝土按板、梁、柱设计的几何形状，浇筑到模具里，经养护、拆模，同石材一样坚硬的房屋构件就建造出来了，这是钢筋混凝土材料在房建工程中的应用。

图 1-15 是钢筋混凝土材料在市政工程中的应用。

这里通过"砼"这个字的认知，认识工程材料与建造工程设施的关系，即工程材料是建造工程设施的基础；同时认识到，要理解土木工程涵盖的内容，还需回归到工程实践中去体会。

土木工程涵盖的内容另一方面的含义是：指营造工程设施必须进行的勘测、设计、施工、检测、维修等诸多环节开展的一系列工程技术活动。下面通过武汉巡司河河道综合整治工程，介绍这个工程

这是由混凝土材料建造的给排水管道

图 1-15

项目涉及的与土建类专业有关的工程技术活动。

图 1-16 是巡司河河道改造综合整治前的情景。20 世纪 50 年代,巡司河水质良好,河水清幽。到了 70 年代,随着经济社会发展,城镇居民人口增加,河岸沿线近 30 万人口产生的大量生活污水、垃圾直接排入河中;加上在开发沿岸小区时,没有规划污水处理厂,离小区较近的巡司河成为其排污"首选",巡司河逐渐变成武汉城区最大的排污明渠。由于河床断面狭小,过水、排水能力差,河水淤泥越积越多,河水变成死水,常年发臭,成了黑臭水河,这里的生态环境越来越差。

巡司河以前的状况:黑臭水河

图 1-16

巡司河河道改造综合治理初见成效

图 1-17

目前二期工程河道改造全部完工,实现了全线通水。整治后的河道宽度由原来的 20～40 m 变成了 25～55 m。沿岸景观结合海绵城市建设的绿化工程、沿岸文化步行街、水湾风情园和运动公园等配套工程也按期有序进行。

图 1-17 中的变化不仅反映了时代的变化,土建类大学生看了照片也应当引以为傲。因为河道整治工程前前后后涉及的许多工程技术活动与土建类各专业的学习内容有关。首先河道拓宽、清淤要用"拉森钢板桩"设置挡水围堰(图 1-18),以留出施工作业空间;加宽河床断面设置的岸坡边坡稳定,防止坍塌、滑坡,要用钻孔灌注桩加固(图 1-19);排污管道实施雨污分离设计、铺设就位需要给排水管道工程基本理论和施工技术等,以上均涉及土建类各专业的基本理论及知识融合。这个工程本身就是系统工程,需要土建类大学生拓宽专业视野,指导专业学习。

"拉森钢板桩"在施工

a

排成一行钢板桩做挡水围堰

b

图 1-18

"拉森钢板桩"(Larssen Steel Sheet Pile)又叫 U 型钢板桩,它作为一种新型建材,在建桥围堰、大型管道铺设、临时沟渠开挖时做挡土、挡水墙;在码头、卸货场做护墙、挡土墙、堤防护岸等,在工程上发挥着重要作用。其名称的由来,是为了纪念德国工程师 Tryggve Larssen,他于 1902 年在不来梅开发制作了世界上第一块 U 型剖面铆凸互锁的钢制板桩。

图 1-19

图 1-20

图 1-20 中,HAS 是新型材料土壤加固剂(Soil-Solidified-Agent)的代名词。这是采用土木工程地基处理新技术加固岸坡,是土木工程技术活动在此工程中的应用。

河道清淤加宽,岸坡加固,疏通河道是关键,同时排水管道按新的设计要求,将雨水与污水分家,增强管道的排污能力,铺设新的排污管道更是关键。铺设管道需要工程测量技术,这是土建类各专业都要掌握的基本技能。

图 1-21

图 1-22

土木工程施工放线是土建类大学生必须要掌握的基本技能之一。工程测量仪器是工程建设规划设计、施工及经营管理阶段进行测量工作所需的各种定向、测距、测角、测高、测图等方面的仪器,要熟悉、掌握。图 1-21、图 1-22 是围绕具体土建工程的建设,涉及的这些工程技术活动都属于土木工程涵盖的内容,工程建设目标不同,工程技术活动侧重点也不同。无论是工程材料,还是技术活动,都为土木工程设施建设目标服务。围绕土木工程涵盖的这两个方面的内容,结合工程实践,启示土建类专业学习内容要打通、整合。

1.2.3 土建工程设施认知

土建类大学生从大一开始认识工程设施类型及有关基本概念,这对于后续学习专业基础课、专业课、工程实践性教学环节等至关重要。

a

b

c

d

图 1-23

工程设施类型包括房建、公路、桥梁、隧道、铁路、水利、给排水、环境、海洋、港口码头、飞机场等,这些工程设施和民生、社会关系极为密切。首先最常见是建筑工程,根据建筑物使用性质按其功能可分为三大类型,即民用建筑、工业建筑、农业建筑(见图1-23)。

民用建筑(Civil Architecture)是指非生产性的建筑,它是由若干个大小不等的室内空间组合而成的;而其空间的形成,则又需要各种各样实体来组合,这些实体被称为建筑构配件。一般民用建筑由基础、板、梁、墙、柱、楼梯、屋顶、门窗等构配件组成。民用建筑按其使用功能可分为两类:居住建筑和公共建筑(见图1-24)。

a   b

图1-24

居住建筑按使用功能又可分为住宅和公寓两类,住宅习惯上又分为普通住宅、高档公寓和别墅(见图1-25)。

a   b

c   d

图1-25

公共建筑是指供人们进行各种公共活动的非生产性建筑。一般包括办公建筑、聚会建筑、商业建筑、旅游建筑、科教文卫建筑、通信建筑、交通运输类建筑等。办公建筑包括写字楼、政府部门办公室等；商业建筑包括商场、金融建筑等；旅游建筑包括酒店、旅馆、娱乐场所等；科教文卫建筑包括文化、教育、科研、医疗、卫生、体育建筑等；通信建筑包括如邮电、通信、广播用房；交通运输类建筑包括机场、高铁站、火车站、汽车站等建筑。

a

b

c

d

e

f

图 1-26

图1-26、图1-27、图1-28(外貌)是民用建筑按其使用功能分类的主要类型，比较一下，居住建筑与公共建筑的建筑体型、内部空间组织有什么区别？

有了这样一些对民用建筑认知的概念，你可以对自己在学校和附近地区经常看到的民用建筑进行观察，看看都有哪些建筑类型。

随着同学们对建筑工程学习兴趣的提高，在学会认知民用建筑的各种类型的同时，还要了解两个知识点：第一，《民用建筑设计通则》(GB 50352—2005)中对民用建筑按层数分

图 1-27

类的标准;第二,与土建类各专业学习有密切关系的一对基本概念,即如何区别建筑物与构筑物。

图 1-28

按层数划分标准,国标是这样规定的:公共及综合性建筑超过 24 m 的,均为高层建筑。

住宅建筑按层数分类:

3 层及以下的为低层住宅;

4～6 层的为多层住宅;

7～9 层的为中高层住宅;

10～30 层的为高层住宅。

凡高度在 100 m 以上的建筑均为超高层建筑。

名　称	低　层	多　层	中高层	高层	超高层
住宅建筑	1～3层	4～6层	7～9层	≥10层	>100m
公共建筑				>24m	>100m

图 1-29

建筑物是指人们进行生产、生活或其他活动的空间、场所;构筑物则是指人们一般不直接在内进行生产、生活活动的空间、场所,如水塔、堤坝、烟囱等。图 1-30 中 a 是建筑物(Buildings),b 是构筑物(Structures)。

a. 建筑物

b. 构筑物

图 1-30

图 1-31

传统的给水排水工程是土木工程学科的一个分支,取水和水处理过程主要是以土建构筑物来实现的。图 1-31 不是民用建筑类型,这里强调的是不要把这一类工程设施的名称与建筑物的概念(狭义的建筑物概念)混淆了,有的同学不注意,到了高年级还把这一类工程设施说成建筑物。

建筑物按使用性质分,第二大类型是工业建筑。工业建筑是指供人们从事各类生产活动的建筑物和构筑物。工业建筑可分为通用工业建筑和特殊工业建筑。按工业用途分类包括:工业厂房建筑、冶金工业建筑、污水处理厂建筑、化工厂建筑、核电厂建筑、自来水厂建筑、环保工程建筑、食品冷藏冷库建筑等(见图 1-32)。

根据经济社会发展需要,工业建筑按使用功能或用途类型可以划分为很多种类,同学们浏览这一组图片时,要思考工业建筑与民用建筑建筑体型有什么区别,如果让你规划、设计、施工、管理这一类工程设施要考虑哪些问题。

建筑物按使用功能分,第三大类型是农业建筑。

农业建筑是指供农业、畜牧业生产和加工用的建筑物和构筑物。农业生产建筑早期多附建于农民的住房,功能简单。随着社会的发展和技术的进步,农业生产建筑类型不断增多,逐渐走向专门化,建筑设备和温度湿度控制等技术也日趋复杂。类型主要有:禽畜生产建筑、温室栽培建筑、农业仓储建筑、农畜副产品加工建筑、农村能源建筑、农业水产品养殖建筑、菌类种植等副业建筑(见图 1-33)。

a

b

c

d

e

f

g

h

图 1-32

图 1-33

农村能源建筑主要指大型沼气综合利用的工程设施(见图 1-34)。沼气发电也称生物质能发电,是指有机物质(如农作物秸秆、杂草、人畜粪便、垃圾、污泥及城市生活污水和工业有机废水等)在厌氧条件(隔绝空气)下,通过种类繁多、数量巨大、功能不同的各类微生物的分解代谢,让有机物质在还原条件下分解发酵,最终产生沼气(主要指甲烷)的过程。

图 1-34

沼气发电生态环保,符合新时代村镇生态文明建设大方向,国家也很重视,应积极推广。

智慧村镇建筑大有发展前途,有志气的土建类大学生到农村去,广阔天地大有作为!(见

图 1-35）

以上是围绕用土木工程材料建成的建筑工程各种类型工程设施,有民用建筑、工业建筑、农业建筑。除此而外,还要了解与城市建设发展有密切关系的城市地下工程设施(见图 1-36),其他土木工程设施如交通运输工程(修路架桥工程),涉及桥梁、道路、隧道、铁路工程等,还有给排水工程设施、环保工程设施、港口工程设施、水利工程设施等。

图 1-35

随着我国城市化发展进程的加快,城市地下工程在解决大、中等"城市病"的地位越发重要。

图 1-36

城市地下工程(Urban Underground Engineering)是指为建设智慧城市总体目标深入地面以下为开发利用地下空间资源所建造的地下建筑物与构筑物。按使用目的主要包括

图 1-37

以下八个方面：(1)居住设施，如地下或半地下住宅；(2)公共设施，如地下商业街、停车场、下沉式广场、过街人行通道；(3)功能设施，如城市地下综合管廊、地下水厂、地下水库等；(4)生产设施，如将对环境产生不利影响或是扰民的一些工业厂房迁入地下；(5)交通设施，如地下铁路、公路；(6)储藏设施，如食品、水资源存储设施等；(7)防灾、人防设施；(8)军事设施(见图1-37、图1-38)。总之，地面以上能建造的各类工程设施，由于科学技术的发展，均可利用地下空间为不同使用目的开发建造，为人类谋福祉。

图 1-38

现代交通运输土木工程设施系统由桥梁工程、道路工程、铁路工程、隧道工程组成，俗称"修路架桥"。在交通运输工程建设中以上四大土木工程设施构成一个有机的交通系统整体，桥梁和隧道都是连接交通、跨越天然障碍的工程设施。围绕工程设施的建设，其专业基础知识是相通的，甚至结构体系的构成有很多内容和建筑工程是相似的。

桥梁工程(Bridge Engineering，如图1-39所示)，是指人类生活和生产活动中，为连接交通运输跨越水体、山谷等天然屏障或彼此间相互跨越的工程构筑物，是道路和铁路工程的咽喉，是交通运输中重要的组成部分。桥梁工程的工作内容包括桥梁勘探、设计、施工、养护和检定等工程过程，桥梁工程是研究这一过程的科学和工程技术的总称。

图 1-39

道路工程(Road Engineering)是指通行各种车辆和行人的工程设施。其内容是以道路为对象进行规划、设计、施工、养护与管理全过程以及其科学技术和工程实体。城市道路(Unban Road)是指在城市规划区内的道路、广场和停车场，是城市必需的交通设施。图1-40左上角示意车辆沿公路前行遇到山体障碍，借助隧道畅行无阻。

铁路工程(Railway Engineering)是供火车等交通工具行驶的轨道线路。铁路是一种永久性道路，上面有按规定的间距固定在轨枕(传统是木枕，高铁用的轨枕是混凝土材料)上的钢轨，轨枕置于水平或有坡的铺有道砟(习称碎石

图 1-40

子)的地面。铺设道砟的目的是把列车及路轨的重量及其作用力分散在路基上,以降低列车经过时所带来的震动及噪音。图 1-41 要细心比较一下,注意高铁与传统铁路轨道铺设的差异,其中右上角小图的道砟是碎石子。

图 1-41

图 1-42

　　隧道工程(Tunnel Engineering)是修筑在岩体、土体或水底的,两端有出入口的,供车辆、行人、水流及管线等通过的通道(见图 1-42)。主要有公路隧道、铁路隧道、水(海)底隧道和各种水工隧道等。隧道工程属于地下工程设施,这里把它和交通运输工程中的道路工程、铁路工程、桥梁工程的基本概念串在一起,是看重桥梁工程和隧道工程与线路工程(道路、铁路)密不可分,它们有机组成现代交通运输体系。在这个体系中隧道和桥梁的作用一样,跨越障碍,连接交通,桥梁与隧道常常是交通运输工程设施建设的控制性工程,举足轻重。图 1-43 是

图 1-43

2007 年建成的秦岭终南山公路隧道,是连接我国南北方的咽喉工程,全长 18.02 km,在同类隧道工程中,长度为世界第二,采用了双洞四车道的超宽设计。

　　图 1-44 是我国 2014 年建成的青藏铁路西格(西宁—格尔木)二线工程的控制性工程新关角隧道,全长 32.46 km,是国内最长的隧道。

图 1-44

新关角隧道是世界高海拔最长的铁路隧道,由两条分离式单线隧道组成。新关角隧道穿越地区地质条件复杂,施工遇到的难题都是世界级的,隧道施工中必须经过地质断层和二郎洞断层束,穿越地区素有隧道建设史上的"地质博物馆"之称。它的建成证明我国已成为拥有世界高海拔特长大隧道的国家。

图 1-45 是著名的港珠澳通道海底隧道内部状况。其全长 6.7 km,是世界最长的公路沉管隧道和唯一的深埋沉管隧道,也是我国第一条外海沉管隧道。海底部分长 5 664 m,由 33 节巨型沉管和 1 个合龙段最终接头组成,最大安装水深超过 40 m。

图 1-45

图 1-46

隧道工程除上述用于交通运输工程的三种类型外,还用于水利工程,作为水工建筑物的引水隧道(Water Tunnel)。世界最长引水隧道——辽宁大伙房水库输水工程 2009 年成功实现通水(见图 1-46)。这条隧道东起辽宁省桓仁县、西至辽宁省新宾县,穿越 50 多座山峰、50 多条河谷、29 条断层,长达 85.3 km,设计水流量为每秒 70 m³,多年平均调水量为 1.788×10^9 m³。隧道将引优质充沛的辽东山区水源,供给辽宁省中部老工业基地的城市群。

图 1-47 除了让大家感到震撼以外,其内容还启示我们,现代交通运输体系中,桥梁工程、公路工程、铁路工程、隧道工程是一个系统,是一个有机整体,专业学习中不能把它们割裂开来。桥梁与隧道在交通运输体系中功能是一样的,跨越障碍,连接交通,相辅相成,有机结合。

2008 年建成的太行山仙神河大桥,采用独塔斜拉桥形式。巨大桥墩在 V 形峡谷底部拔地而起,至 152 m 高空开始向两边延伸桥面,通过两端的特长隧道伸入绝壁之中,主墩至桥面以上变为 50 m 的矮塔,塔顶部 26 对斜拉索,如凤凰展翅般连接支撑整个桥面。

下面介绍与土木工程建设活动密切相关的给水排水工程和环保工程的基本概念。当代这两大工程设施在城镇建设中,尤其是在治理"城市病"中越来越受到社会和人们的重视。

给水排水工程(Water Supply and Drainage Facil-

图 1-47

ities)一般指用于水(净化工程处理之后的水)供给、废水(处理后)排放、水质改善(符合国家饮用水标准)的工程设施,包括城市用水供给系统、排水系统(市政给排水和建筑给排水),简称给排水(见图1-48)。

图 1-48　　　　　　　　　　　　　　图 1-49

环保工程(Environmental Protection Engineering)是指特定的为环境保护所做的工程。由于工业发展导致环境污染,而以治理某特定目标为依据,应用有关的科学知识和技术手段,如与土木工程活动有关的生态环境修复,对污染物进行防渗、隔离等工程设施,针对区域环境污染特定目标进行处理并解决的一些工程就是环保工程。环保工程的内容主要包括大气污染防治工程、水污染防治工程、固体废物的处理和利用工程以及噪声控制工程等(见图1-49)。

另外,还有港口工程(Port Engineering)、海洋工程(Offshore Engineering)、飞机场工程(Airport Engineering)。

港口作为交通运输枢纽、水陆联运的咽喉,通常是铁路、公路、水路和管道几种运输方式的汇集点。港口是具有水陆联运设备和条件,有一定面积的水域和陆域,供船舶出入和停泊、旅客及货物集散并变换运输方式的场地。港口主要由码头、防波堤、护岸等水工构筑物组成(见图1-50)。这些工程设施的建设涉及土木工程技术如地基处理、地基加固、深基础施工等很多内容。

图 1-50

海洋工程(Offshore Engineering)是指在近海区域设置或建造的工程构筑物,如海洋石油钻井平台、填海造陆工程、导航灯塔等(见图1-51)。

飞机场工程(Airport Engineering)是指在陆地或水面上划定一块区域,其全部或部分用来供航空器着陆、起飞和地面活动之用(见图1-52)。飞机场工程内容包括:机场规划设计、场道工程、导航工程、通信工程、空中交通控制系统、气象工程、航站楼工程、指挥楼工程、地面道路工程以及其他辅助工程(供水、排水、照明等),这些内容涉及大量土建工程设施的建设。

图 1-51

图 1-52

　　近几年我国飞机场工程设施建设呈现以下特点:全国机场规划逐步趋于合理,机场设施建设逐步完善,机场建设技术水平不断提高。机场建设发展前景美好,取得了举世瞩目的成就,其中最具有代表性的工程就是首都新机场,目前主体工程封顶,计划 2019 年国庆投入运营(见图 1-53)。

图 1-53

北京新机场形似"海星"造型,其航站楼是世界规模最大、技术难度最高的航站楼综合体建筑,由乘客航站楼、换乘中心、综合服务楼与停车楼三部分组成。特点是以航空为中心,集高铁、轨道、公路等多种交通方式为一体,是大型综合交通枢纽。航站区总用地面积约 27.9 hm²,总建筑面积达 $1.03×10^6$ m²。航站楼屋顶是钢结构,其覆盖面积相当于 25 个足球场大小,由 63 450 根钢材杆件和 12 300 个球节点拼装而成,屋面钢结构共计 4 万多吨的重量,由 8 根 C 形柱支撑着(见图 1-54)。

图 1-54

1.2.4　土木工程要解决的问题和基本属性

1. 土木工程要解决的四个问题

土木工程要解决的第一个问题:为人类活动提供功能良好、舒适美观的空间和通道。既有物质方面的需要,又有精神方面的需要,这是土木工程的根本目的和出发点,即人类社会发展离不开土木工程设施的建造(见图 1-55)。

图 1-55

然而当今人类社会由工业文明时代进入到生态工业文明时代,建造的功能良好、舒适美观的空间和通道,还必须要与大自然协调,要符合新时代生态文明建设发展方向。建造开发可以,但不能破坏生态环境,要"节能减排,有利环保",搞工程建设不能顾此失彼,否则将受到建设法律的惩罚。2002 年投资 1.6 亿元的武汉外滩花园 22 栋别墅,因其修建于长江防洪堤内,有碍长江行洪,违反了国家有关防洪法规,破坏生态,为维护《中华人民共和国防洪法》同年全部炸毁拆除(见图 1-56)。

图 1-56

这里再强调一下,炸毁拆除原因不是建筑设计、结构设计、施工用材有问题,而是违反了国家建设法律。土建类大学生面对现代工程,要做合格工程师,必须正确回答四个现实问题"工程会不会做、可不可以做、值得不值得做、应该不应该做"。

工程建设不能当儿戏,在学校学习从低年级开始就要培养遵法、守法的工程建设意识。

土木工程要解决的第二个问题:抵御自然灾害或人为作用力(见图 1-57)。

前者如地震、风灾、水灾等作用,后者如工程震动、人为破坏等。这是土木工程之所以存在的原因。土建类大学生要研究分析过去发生的自然灾害,增强社会责任感和学习紧迫感,专业学习中要理论联系实际,以提高抗灾设防能力素养。

图 1-57

2008 年 5 月 12 日,四川汶川地震已造成 67 183 人遇难,361 822 人受伤,20 790 人失踪。数万人在这场灾难中瞬间逝去,数十万人因这场灾难失去至亲、无家可归。此次地震灾区总面积约 5×10^5 km²、受灾群众 4 625 万多人,直接经济损失 8 451 亿多元。记得当时一个九岁的孩子刚从倒塌的房屋废墟中被救出时就向媒体立志:"一定要考清华,当建筑师,要建震不垮的房子!"孩子的梦想应当是当代土建类大学生的责任和担当!

从震害中总结经验,深入开展科学研究。2018 年汶川特大地震十周年纪念活动显示了我国抗震事业飞速发展,减隔震技术得到充分推广,目前我国已有各类减隔震建筑 6 000 余幢,约占世界的一半。同学们在校学习要把国家《建筑抗震设计规范》(GB 50011—2010)和"小震不坏,中震可修,大震不倒"的防震抗灾设计理念贯穿于专业课学习中。1972 年 12 月 23 日,尼加拉瓜首都马那瓜发生强烈地震,市中心 511 个街区成为一片废墟和瓦砾,唯有美洲银行,这座 18 层 61 m 高的大厦巍然屹立,它是由华裔结构设计大师林同炎设计的,同学们应记住这位大师的名字(见图 1-58)。在土木工程建设中,科学、技术、工程如何与社会结

图 1-58

合,结构设计大师林同炎为工科大学生做出了学习榜样,正如 1986 年他获得美国最高科学奖的赞词指出的"他是工程师、教师和作家,他的科学分析、技术创新和富于想象力的设计,不仅跨过科学与艺术的壕沟,还打破了技术与社会的隔阂"。土木工程师要解决的第二个问题,除学好本领主动解决抵御自然灾害、提高建筑抗震能力等自然灾害设防能力以外,还要提高自身工程职业素养,抵御人为对社会和工程的作用力、破坏力。

2010 年 4 月 20 日,墨西哥湾"深水地平线"钻井平台发生爆炸并引发大火,大约 36 小时后沉入墨西哥湾,11 名工作人员死亡。钻井平台底部油井漏油不止,事发半个月后,各种补救措施仍未有明显突破。沉没的钻井平台每天漏油约 5 000 桶,浮油面积超过了 9 900 km²,海面浮油已经漂流至美国路易斯安那州沿海湿地。此次漏油事件造成了巨大的环境和经济损失,同时,也给美国及北极近海油田开发带来巨大变数,更是已经形成了一场十分严重的生态灾难(见图 1-59)。

图 1-59

此次灾难震惊了世界。英国石油公司当年9月8日公布了外界期待已久的墨西哥湾漏油事件内部调查报告，该报告强调事故是多个当事方的"共同责任"，认为机械故障、人为判断失误、工程问题等一系列因素导致了这场悲剧。美国哈利伯顿公司负责的油井水泥灌注工程有缺陷，4月20日油井气体外泄，而在气体开始外泄的40分钟里，越洋钻探公司在钻井平台上

的工作人员没有意识到危险状况。还有平台的防喷阀，报告称该装置的一些重要部件失灵，导致事故发生后油井没能自动封闭，而负责具体操作防喷阀的是越洋钻探公司。英国石油公司的员工和越洋钻探公司的工程人员都没有正确解读油井的一次安全测试结果，该测试结果已显示油井有溢流危险。这场灾难说明工程师的社会责任心和职业道德操守有多么重要。

图 1-60

再看一起由于人为作用力、破坏力引发的严重工程事故。2009年6月27日，上海闵行区莲花河畔13层在建楼房整体倒塌（见图1-60）。

事故原因是施工单位违反《建筑桩基技术规范》要求，直接在该地区软土地基就近堆土，最终导致桩基断裂，楼房整体倾覆。经查楼房上部主体结构设计、下部结构深基础设计包括工程材料均没有问题，倒塌原因如图1-61所示，这是一起施工方不严格遵守施工操作规范引发的工程事故。施工方在大楼一侧无防护性开挖地下车库，又在相对一侧堆积10 m高的堆土。大楼地基土体在合力的作用下形成巨大的侧向压力，如同剪刀一般剪断了楼房的基桩（见图1-62）。这是一个简单到不能再简单的常识性错误。在2008年10月1日由建设部批准施行的《建筑桩基技术规范》中，有如先验般提到了这一建筑施工的常识——由于基坑开挖对桩基的影响，不准在软土地基施工现场就近堆土。

事情过去了，教训要牢记，工程技术人员必须严格遵守施工技术操作规范。树立工程责任心，培养严谨的工作态度是

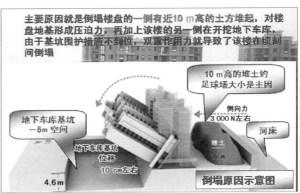

图 1-61

图 1-62

土建类大学生必须具备的工程素质。

土木工程要解决的第二个问题,抵御自然灾害和人为作用力,这里提到的抵御人为作用力和抵御自然灾害同样重要,两者相辅相成。在灾害面前土木人要为社会提供安全可靠的工程设施,这是必需的;工程技术人员还要培养严谨的工作态度和高标准职业操守,否则照样酿成大祸,造成人为灾害(Man-Made Disasters)。

图 1-63

土木工程要解决的第三个问题:要充分发挥材料的作用。

土木工程设施是由多种工程材料(Construction Materials)有序构筑起来的,因为材料是建造土木工程的根本条件,是建造所有工程设施的物质基础(见图1-63)。

充分发挥材料的作用,既关系到工程设施在使用期限内的安全可靠,又涉及材料计费和工程造价。在处理工程造价与工程质量的关系上,正确选择材料、使用材料,充分发挥材料的作用,是土建类大学生的重要责任。

土木工程要解决的第四个问题:把土建工程设施建造成功,是工程建设的最终归宿。要把工程设施蓝图如图1-64所示变为现实,必须通过有效的技术途径和组织管理手段,利用社会所能提供的物资设备条件,"多、快、好、省"地组织人力、财力、物力,成功实现工程设施最终归宿。

图 1-64

要解决上述四个问题所进行的土木工程活动,一般包括两个方面:技术方面、勘察、测量、设计、施工、监理、开发等;工程管理方面,制定政策和法规、企业经营、项目管理、施工组织、物业管理等。

土木工程既是古老的学科,又是具有新时代特征,充满生机和挑战的新兴学科,学习内容很多。学习土木工程要了解土木工程的五个基本属性,即社会性,综合性,实践性,技术、经济和艺术的统一性,建造过程的单项性。了解这些属性有助于理解现代工程的基本特征,有助于理解工程教育为什么要坚持大工程观,为什么要坚持运用工程辩证思维方法来学习土建类各专业。

2. 土木工程五个基本属性

（1）社会性

纵观土木工程的技术发展历程，土木工程的发展和社会经济发展相辅相成，有明显的社会性。不同历史时期的土木工程由于受到生产力发展水平的制约，受到历史、政治、地域、人文、传统文化等因素影响，带有明显的时代烙印（见图1-65）。

图 1-65

图1-66中有三座桥，反映了三个不同历史时期生产力发展水平。靠前的是铁锁吊桥，始建于清同治十二年（1873年）；中间的钢桁桥由桥梁工程专家茅以升于1938年勘察设计；后面的是混凝土拱桥，于1990年建造。由于在一段相距不足百米的江面上保存有三座建造于不同历史时期的桥梁，被称为"三朝桥"，画面带有强烈、明显的时代烙印。

图 1-66   图 1-67

图1-67中是西藏的土坯房，环保、宜居、舒适，画面有着明显的历史、地域、人文、传统文化色彩。

（2）综合性

土木工程在实施的过程中，需要运用大量资源和各类技术，是集成开发、勘测、设计、施工、维护、管理的综合成果反映。它是涉及城市规划、地质勘查、工程测量、工程机械、施工技术、工程力学、流体力学、城市水工程、工程管理、工程造价等多方面的综合型学科。它的发展更加注重与社会环境的适应性,包括环境保护、生态发展、景观塑造等角度,为经济的可持续发展提供了支撑。

图 1-68 是现代城市综合管廊工程。工程建设涉及城市规划、建筑设计、结构设计、城市道路、地下工程、给水排水管道工程、环境保护监测、信息管理技术、人文景观等多门学科的集合、融合,不是哪一个土建类专业能"单打独斗"拿下来的,这是土建类大学生今后就业工作要面对的现实。

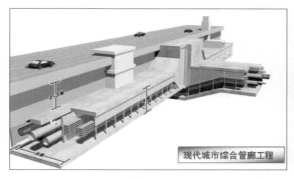

图 1-68

图 1-69

(3)实践性

影响土木工程的因素很复杂,土木工程对实践性的依赖很强。只有通过实践,才能使土木工程不断得到创新,学科理论不断得到发展。

2007 年 9 月竣工的国家大剧院是北京地标性建筑。国家大剧院造型独特的主体结构,一池清澈见底的湖水,以及外围大面积的绿地、树木和花卉,极大改善了周围地区的生态环境,体现了人与人、人与艺术、人与自然和谐共融、相得益彰的理念(见图 1-69)。国家大剧院在建设过程中,遇到的问题是前所未有的,很多问题要在现场实践和探索中解决,如超深基础施工问题就是其中之一。

图 1-70 是国家大剧院的基坑施工现场。基础施工难度很大,对防水、抗浮、支撑防护要求很高。处理不好,就会使周边重要建筑物地面下沉,结构破坏,影响正常功能使用。

图 1-70

实践性是土木工程设施建设的显著特点，"实践出真知"，希望同学们一定要遵循专业学习认知规律，把书本知识和工程实践密切结合起来，要向施工一线的工程技术人员和劳动者学习，要有吃苦耐劳的精神，没有这样的精神状态和素质，是学不了土建工程，更做不了土建工程的。

（4）技术、经济和艺术的统一性

土木工程是为人类服务的，它必然是每个历史时期技术、经济和艺术统一的见证。

图1-71中的悬空寺是全国重点文物保护单位，是佛、道教合一的独特寺庙。其位于山西省浑源县城南5 km的金龙峡半崖峭壁间。始建于北魏后期，至今已有1 400多年历史。

图 1-71

图 1-72

图1-72是位于四川泸州的龙脑桥，建于明朝洪武年间（公元1368—1398年）。桥高5 m，长54 m，宽1.9 m，共13孔，由30块长3.6 m的青石板组成。中间8个桥墩上分别雕有龙、象和麒麟的头像，石雕艺术精湛，造型别致，布局奇特。因石雕中有4个龙头故名龙脑桥。

（5）建造过程的单项性

一个大的工程项目建设，总是根据建造过程的内在规律和程序，将其划分为若干分项工程或标段。分项工程营造程序可能局部合理，但将其置于与它密切相关的工程系统背景中，以及工程环境和社会中，与工程链结合起来考虑，可能就会出问题。因此单项设计、单项施工同时要考虑工程环境（自然、社会、生态、局部与全局等），这是土木工程建设的特点。工程与社会的联系紧密，这就要求工程专业人员能够基于工程相关背景进行合理分析，评价专业工程实践和复杂工程问题解决方案对社会、健康、安全、法律以及文化的影响，这也是当前工程教育专业认证所要求的。

图1-73是发生在2014年10月18日上午因武汉地铁施工挖破天然气管道造成的工程事故，现场阵阵刺鼻烟雾喷向空中。事故发生后，天然气公司、消防、市政、交警等有关部门及时赶到现场，维

图 1-73

持现场秩序,进行抢修。所幸因处置得当,事故没有造成人员伤亡,但是周边上千户居民家中被迫"断气",居民生活受到了影响。

地铁施工没错,然而施工中没考虑地面下还有各类和民生有密切关系的管网,这就是由于单项施工没有考虑到周边工程环境的影响所致。

学习思考题

1. 什么是大工程观? 有人说大工程观就是建造大工程才用的一种工程思维方法,小工程可以不用对吗? 你是怎样理解的?

2. 学习了大工程观的工程表述、哲学表述,结合自己的学习感受,试用自己的语言论述大工程观。

3. 什么是工程链? 如何把工程链的工程思维方法用于专业课程学习?

4. 学习工程为什么不能只考虑专业技术性方面的问题,还要考虑非技术性方面的问题? 请举例说明。

5. 传统土木工程定义是"建造各类土建工程设施的科学技术的统称",为什么现在要在"建造各类"与"土建工程设施"之间加"节能减排,有利环保"八个字?

6. 建筑物按使用功能划分为民用建筑、工业建筑、农业建筑三大类型,民用建筑按用途分为哪些类型? 工业建筑呢? 农业建筑呢? 在农业建筑中你对哪些建筑类型感兴趣? 为什么?

7. 建筑物按层数划分为哪些类型? 高层建筑、超高层建筑是怎样界定的?

8. 什么是建筑物? 什么是构筑物? 请举例说明。

9. 试述土木工程要解决的四个问题。在要解决的第二个问题中为什么说工程技术人员因工程素养、职业操守问题造成的"人为作用"破坏力与抵御自然灾害抗灾设防同样重要? 请举例说明。

10. 现代工程有哪些特征? 土木工程有哪些基本属性? 学习了土木工程的基本属性,如何理解学习工程要坚持大工程观的工程辩证思维方法?

2 工程师与工程素养

学习提要

工科大学生的培养目标是工程师。本章主要介绍了什么是工程师，工程师的培养标准是什么，以及在工程教育中如何积累和提高符合新时代要求的工程素养。

"高等工科院校要培养工程师"，这是中国科学院、中国工程院两院院士清华大学张光斗教授生前于 2004 年在《高等工程教育研究》第三期中撰文表达出的对工程教育界的殷切期望。新生如何把前辈的嘱托传承下来并结合新时代对工科大学生的要求，了解什么是工程师，工程师的标准是什么，如何把工程师教育与高等工科院校正在实施的工程教育专业认证结合起来，实现人才培养导向与国际接轨，最终成为合格工程师，这是工程教育改革的首要任务。

2.1 工程师的定义

工程师是指具有从事工程系统操作、设计、管理、评估能力的工程技术人员(图 2-1)。工程师英文是 engineer，由英语单词 engine(发动机)和后缀 er 构成，可以引申理解为工程师是心中装有发动机，并用其激活求知欲、创造力的人。励志要成为工程师的工科大学生，要不断给发动机充电，开足马力，为社会进步不断提供原动力。

图 2-1

2.2 工程师的类型

根据行业职责分工，工程师可分为三类。

(1) 技术型。这类工程师坚守生产一线，从事专业规划设计、制造、施工、运行等技术层面工作，善于发现和解决工程现场各类技术问题。人才占比为 60%。

(2) 研发型。这类工程师专职技术科学研究或者工程技术开发，从事理论工作及新材料、新技术探究和开发工作。人才占比为 15%。

(3) 管理型。这类工程师以工程为背景，从事工程统筹安排、决策运营、管理经营等方面的工作，他们知识面宽泛，组织管理能力一流，具有宏观调控和把握节奏的专业能力。人才占比为 25%。

在实际工作中,三种类型的工程师经常会互换身份。因此要求工程师用大工程观、工程链的工程思维,在工程实践中,打破专业壁垒,拓宽专业知识,发挥自身潜能,不断增强职业迁移能力和工作能力。

2.3 工程师培养标准

工科大学生要立志成为工程师,如何实现?首先要了解工程师培养标准。

工程师培养标准及工程师必须具备的工程素质版本很多,追根究源最有权威的是《华盛顿协议》(Washington Accord)的重要发起组织——美国工程与技术认证委员会(Accreditation Board for Engineering and Technology,简称 ABET)1932 年提出的版本。2016年,我国加入《华盛顿协议》并成为正式会员国,为了实

图 2-2

现我国本科教育学位和工程师注册与国际互认,根据《华盛顿协议》工程教育专业认证和工科学生人才培养要求,我国提出了 12 条标准,这 12 条标准其内容就源于 ABET 下面三段话的诠释和细化及拓展:

With a strong background in mathematics, basic physical sciences and engineering sciences, the engineer must be able to interrelate engineering principles with economics, social, legal, aesthetic, environmental, and ethical issues, beyond the technical domain.

The engineer must be aconceptualized, a designer a developer a formulator of new techniques, producer of standards — all to help meet societal needs . The engineer must be plan and predict, systematize and evaluate — must be able to judge systems and components with respect to their solution to health, safety and welfare of people and to loss of property.

Innovation must be central to the engineer.

这三段话译文参考如下:

工程师必须要有坚实的数学、物理和工程科学基础知识,必须要有能够把工程原理和技术领域以外的经济、社会、法律、美学、环境和伦理道德联系起来的能力。

工程师必须善于构思,是形成概念的专家,工程师是设计者、开发者,是新技术的形成者和标准规范的制定者,这一切都是为了满足社会的需要。工程师必须会规划和预测,系统化和评估,必须能够判断系统以及解决公众健康、安全、福利、财产损失等相关的成分。

工程师的灵魂必须是创新。

这三段话反映了对工程师基本素质的要求,这些对工程师的要求原文均用的是"must"语气。应全面学习、理解这三段原文,它概括了工程师的标准和要求。这些基本素质包括两个方面:一个是工程技术层面要具备的素质,一个是非技术层面包括社会、经济、法律、美学、环境、管理、人文、伦理道德等方面的素质,两者相辅相成,相互渗透,缺一不可。这就是工程师培养标准。在工程师目标培养教育中应避免片面化、形式化,偏重技术层面而忽略非技术层面的单一素质教育。

2.4　工程素养教育及培养

高等工科院校培养工程师,要面对全体学生,不是培养少数"精英",这是贯彻我国工程教育专业认证的"以学生为中心"的基本理念。这里强调的工程素养教育,是为了避免培养工程师只看重少数,重点培养有"天赋"、是"精英"的学生,而忽略全体学生。面对全体学生是为了激励在校大学生不迷信先天"条件",挖掘自身学习潜能,强调工程素养后天学习与修炼的重要性。

2.4.1　工程师素养教育应把德育放在首位

做人与做事,首先要学会做人,工科大学生更要学会做人。中国科学技术大学校训"红专并进,理实交融",是工科大学生成才的座右铭。"红"就是坚持正确的政治方向,就是毛泽东强调的"没有正确的政治观点,就等于没有灵魂";"红"也是坚持习近平新时代指引的正确政治方向,这是社会主义新时代工科大学生做人的底线。"红专并进"强调品行操守与业务技能的相得益彰,"理实交融"则是在工程教育中要学会理论与实践紧密结合的科学学习方法。爱因斯坦(1879—1955)是工科大学生学习的偶像(见图 2-3)。他在评价居里夫人的贡献时说道:"第一流人物对时代和历史进程的意义,在其道德品质方面,也许比单纯的才智成就方面更大。"他还于 1936 年在美

爱因斯坦(1879—1955)

图 2-3

国纽约州立大学发表演讲时强调:"学校的目标应当是培养有独立行动和独立思考的个人,不过他们要把为社会服务看作是自己人生的最高目标。"这里爱因斯坦强调的是"把为社会服务看作是人生的最高目标",这是工科大学生工程教育必须要坚持的。

玛丽·居里(1867—1934),法国著名波兰裔科学家、物理学家、化学家,两次获得诺贝尔化学奖(见图 2-4)。居里夫人的成就包括开创了放射性理论,发明了分离放射性同位素的技术,还发现了两种新元素钋和镭。她以超凡惊人的毅力,经过近四年的努力,从数吨工业废渣和沥青铀矿石中,提炼出千分之一克的氯化镭($RaCl_2$),从而发现了新化学元素钋和镭。在她的指导下,人们第一次将放射性同位素用于治疗癌症,她自己却由于长期接触放射性物质,于 1934 年因恶性白血病逝世。

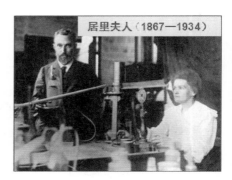

居里夫人(1867—1934)

图 2-4

联合国教科文组织在 1996 年出版了国际 21 世纪教育委员会的报告《教育财富蕴藏其中》。报告提出,教育在培养人才的过程中,必须使他们学会认知(learning to know)、学会做事(learning to do)、学会共同生活(learning to live together)、学会做人(learning to be)。

2.4.2 按工程教育专业认证12条标准进行工程素养教育

2015年3月,中国工程教育专业认证协会颁布了工程教育专业认证12条标准。这12条标准是衡量工科大学生毕业时的教育质量要求,高等工科院校要培养工程师,其应具备的工程素养就要按这12条标准从新生入学学起、做起,不断积累符合工程师要求的工程素养。这12条标准是:

(1)工程知识:能够将数学、自然科学、工程基础和专业知识用于解决复杂工程问题。

(2)问题分析:能够应用数学、自然科学和工程科学的基本原理,识别、表达并通过文献研究分析复杂工程问题,以获得有效结论。

(3)设计/开发解决方案:能够设计针对复杂工程问题的解决方案,设计满足特定需求的系统、单元(部件)或工艺流程,并能够在设计环节中体现创新意识,考虑社会、健康、安全、法律、文化以及环境等因素。

(4)研究:能够基于科学原理并采用科学方法对复杂工程问题进行研究,包括设计实验,分析与解释数据,并通过信息综合得到合理有效的结论。

(5)使用现代工具:能够针对复杂工程问题,开发、选择与使用恰当的技术、资源、现代工程工具和信息技术工具,包括对复杂工程问题的预测与模拟,并能够理解其局限性。

(6)工程与社会:能够基于工程相关背景知识进行合理分析,评价专业工程实践和复杂工程问题解决方案对社会、健康、安全、法律以及文化的影响,并理解应承担的责任。

(7)环境和可持续发展:能够理解和评价针对复杂工程问题的工程实践对环境、社会可持续发展的影响。

(8)职业规范:具有人文社会科学素养、社会责任感,能够在工程实践中理解并遵守工程职业道德和规范,履行责任。

(9)个人和团队:能够在多学科背景下的团队中承担个体、团队成员以及负责人的角色。

(10)沟通:能够就复杂工程问题与业界同行及社会公众进行有效沟通和交流,包括撰写报告和设计文稿、陈述发言、清晰表达或回应指令,并具备一定的国际视野,能够在跨文化背景下进行沟通和交流。

(11)项目管理:理解并掌握工程管理原理与经济决策方法,并能在多学科环境中应用。

(12)终身学习:具有自主学习和终身学习的意识,有不断学习和适应发展的能力。

这12条标准,可归纳为四个方面的素质,即:积累工程知识、培养工程能力、拓展通用技能、提升工程态度。

工科大学生从大一开始,就要用先进的工程教育理念——大工程观做指导,瞄准12条标准,理解12条标准,践行12条标准,在四年本科教育及后续五年工作实践中,不断培养和积累符合新时代要求的工程师素养,自觉成才。工程教育专业认证不仅要重视学生毕业产出(出口),还要重视新生入学(入口)工程教育,把学生培养目标变为学生自觉成才的行动。

2.4.3 从典型工程案例中深刻理解工程师培养标准

在前文中提到,武汉外滩花园22栋楼房在2002年4月全部拆除;2010年4月20

日,墨西哥湾"深水地平线"钻井平台发生爆炸并引发大火造成生态灾难;2009年6月27日,上海闵行区莲花河畔13层在建楼房整体倒塌,这些案例从反面告诫我们,在工程建设中,工程师必须加强法律意识、社会责任意识、执行工程规范意识,平时如果忽略上述工程素养教育及培养,在工程建设中可能酿成大祸,造成灾害。

2010年11月15日,上海市静安区胶州路728号公寓大楼发生特别重大火灾事故

图 2-5

2010年11月15日,上海市静安区胶州路728号公寓大楼发生特别重大火灾事故(见图2-5)。事故造成58人死亡,71人受伤,直接经济损失1.58亿元,对54名事故责任人做出严肃处理,其中26名责任人被移送司法机关依法追究刑事责任,28名责任人受到党纪、政纪处分。国务院事故调查组查明,这起特别重大火灾事故是一起因企业违规造成的责任事故。

图 2-6

2011年10月20日,铁道部公布的"骗子包工程,厨子修铁路"事件,也是一起典型的工程质量重大责任事故(见图2-6)。一个总投资23亿的重要铁路项目,竟被层层转包、违规分包给一家"冒牌"公司和几个"完全不懂建桥"的包工头;本应浇筑混凝土的桥墩,竟在工程监理的眼皮子底下,被偷工减料投入大量石块,形成巨大的安全隐患。

这两起重大责任事故均涉及许多有高级技术职称的工程项目负责人,他们不是不懂技术,而是忘记了工程师的神圣使命和工程责任心,在伦理道德方面出了问题。

再看看发生在加拿大一个令人深思的反面案例。

加拿大魁北桥,建于1917年(见图2-7)。桥型为悬臂钢桁架(steel truss bridge),跨度549 m,该桥从1897年设计、施工到建成用了20多年的时间,在建造过程中发生了两次倒塌事故,震惊了世界。

第一次倒塌事故发生于1907年8月29日,在桥梁即将竣工之际,发生了垮塌(见图2-8)。事故造成75人死亡,多人受伤。该桥设计者库帕(Theodore Cooper)是加拿大工学院的一个毕业生,受加拿大政府的委托设计建造魁北桥。为了建造当时世界上最长的桥梁,库帕擅自延长了大桥主跨的长

图 2-7

度,由500 m增长到600 m。正是因为库帕的过分自信,忽略了对桁架重量的精确计算,而导致悲剧发生。

1913年,大桥的设计建造重新开始,可血淋淋的历史并没有让人吸取教训。1916年9

月,由于某个支撑点的材料指标不到位,悲剧再一次重演(见图2-9)。这一次是中间最长的桥身突然塌陷,造成10名工人死亡。

第一次倒塌发生于1907年8月29日
The Collapse of August 29, 1907

图 2-8

第二次倒塌发生于1916年9月11日
The Collapse of September 11, 1916

图 2-9

这座大桥从设计到竣工用了20多年的时间,经历了两次倒塌事故,前后造成85名工人死亡。设计师库帕毕业的著名的加拿大工学院也因此声誉扫地,但是学院并没有掩饰、隐瞒这件事。

加拿大工学院联合七所工程学院筹资买下了大桥的钢梁残骸,打造成一枚枚指环,取名"耻辱戒指",分发给每年从工程系毕业的学生。为了铭记这次事故,也为了纪念事故中的死难者,戒指被设计成如残骸般的扭曲形状。从那以后,该校的毕业生在领毕业证的同时,都会领到一枚耻辱戒指。凡是想成为工程师的人,都必须参加一个隆重的仪式,大家手握一条铁索链宣誓:"自觉、自愿接受工程师章程的规范,敬于、忠于工程师这严谨、严肃的称号。"毕业生们把大桥残骸制成的耻辱戒指戴在左手小拇指上,告诫自己,产品质量重于生命。这枚戒指代表着工程师的骄傲、责任、义务以及谦逊,更重要的是提醒学生永远不要忘记历史的教训与耻辱,牢记工程师使命(见图2-10)。

牢记工程师使命,不忘耻辱戒指

图 2-10

工程师的责任心和伦理道德是最基本的素养。欧洲工程师协会联盟对于注册"欧洲工程师"提出了16项基本业务能力,其中把"对其同行、雇主和顾客、社区和环境应负的责任"摆在了首位,工程师的责任意识被列为第一条,更加凸显工程师责任心的重要性。

综上所述,对工科大学生进行工程素养的培养和教育,就是围绕工程教育专业认证提出的12条标准,提高学生的综合素质,包括设计能力、实施能力、开发能力、管理能力、评价能力和交际能力。所有的能力培养离不开创新思维和创新意识的培养。国际工程教育专业认证权威机构 ABET 强调创新是工程师的灵魂。

美国工程力学大师、航天技术理论的开拓者冯·卡门教授(Theodore von Kármán, 1881—1963)是20世纪最伟大的航天工程学家,他开创了数学和基础科学在航空航天和其他技术领域的应用(见图2-11)。

冯·卡门教授有句名言:"科学家研究已有的世界,工程师创造未来的世界。"

图 2-11 冯·卡门(1881—1963)

21世纪,人类由工业文明时代进入生态工业文明时代,面对现代工程建设还有许多前沿和未知数需要有志向的工科大学生去思考、去创新、去解决。对工程师来说只有想不到的,没有做不到的。新时代给工科大学生提供了前所未有大显身手的舞台,"天高任鸟飞,海阔凭鱼跃",抓住机遇,把工程师工程素养的培养教育与新时代国家治国理政创新、协调、绿色、开放、共享发展理念结合起来,把专业学习与工程建设要走生态文明建设之路结合起来,瞄准专业发展方向,用大工程观视野不断拓展专业知识,学好专业并提高职业迁移能力,做合格、卓越的工程师,为毕业就业、创业奠定深厚的基础。

学习思考题

1. 什么是工程师? 你是如何理解的?

2. ABET 关于工程师培养标准的那三段话你是怎样理解的?

3. 根据工程教育专业认证 12 条标准,结合你了解的正面、反面工程案例的启发,论述工程师应具备哪些工程素养。

4. 你如何理解中国科学科技大学校训"红专并进,理实交融"?

5. 结合自身情况,想一想,如何成为一名合格的工程师?

3

土木工程发展简史及展望

这一章主要介绍土木工程发展简史,明确土木工程伴随人类社会文明的发展而发展。学习土木工程发展简史,了解中华民族"天人合一,道法自然"等优秀传统生态理念,汲取发达国家在创建工业文明进程中,走过的破坏生态、破坏环境,然后再治理的"劳民伤财、后患无穷"的深刻教训,警示当代社会工程建设坚持走"生态优先,绿色发展"的永续之路。了解人类社会发展规律,总结土木工程建设发展规律。

人类自出现以来,为了满足住、行及生产活动的需要,从构木为巢、掘土为穴的原始操作开始,到今天能建造摩天大厦、万米长桥,一直到移山填海的宏伟工程,经历了漫长的发展过程。土木工程的发展贯通古今,它同社会、经济,特别是与科学、技术的发展有密切联系。土木工程伴随着人类社会文明的发展,大体上经历了古代、近代、现代三个历史发展时期。

3.1 古代土木工程发展简况及特点

古代土木工程的发展时间跨度很长,可以追溯到新石器时代(约公元前 5000 年起)开始至 17 世纪中叶。在这个历史时期内,因为生产力发展水平低下,土木工程所用材料最早只是当地的天然材料如泥土、砾石、树干、竹、茅草、芦苇等,后来发展出土坯、石材、砖、瓦、木、青铜、铁、铅以及混合材料如草筋泥、混合土等。生产工艺简单,主要是手工操作。土木工程结构主要是砖石结构。这个历史时期具有代表性的工程有:

(1)土木工程萌芽时期的北京延庆古崖居(见图 3-1)

早在 70 万至 60 万年前的"北京猿人"就开始在北京周口店的山区以洞穴为居所。到 10 万年前又称为"新洞人",一万八千年前为"山顶洞人"。这些洞穴特点为:洞穴高大,便于群居;自然通风,便于用火;多在半山腰上,足以抵御洪水的袭击,又可便利取水。在陡峭的岩壁上留下了经过开凿的岩居洞穴,计有 117 个。这些石室,或长方形,或正方

图 3-1

形,大的 20 多平方米,小的仅三四平方米;或单间,或两三室连通;或套间平行,或上下两层。其中,有一石穴上下两层,并配耳房、廊柱,可能是穴居的主人集会或祭礼之地,俗称"官堂子"。这是人类社会早期,建筑按功能分区设计理念的萌芽。

（2）仰韶文化遗址

约公元前 5000—前 3000 年，我国新石器时代的一种文化称仰韶文化，1921 年首次发现于河南渑池仰韶村，分布于黄河中下游流域。如西安半坡村遗址有很多圆形房屋的痕迹，经分析是直径为 5～6 m 圆房屋的土墙，墙内竖有木柱，支承着用茅草做成的屋面，茅草下有密排树枝起龙骨支承作用。现仍遗存有木柱底的浅穴和一些地面建筑残痕（见图 3-2）。

图 3-2

（3）古代奇观空中花园（见图 3-3）

建于公元前 6 世纪的巴比伦"空中花园"，是古代世界七大奇迹之一。据说采用立体造园手法，在高达 20 多米的平台上，栽植各类树木和花卉，远看犹如花园悬于空中。空中花园代表人类首次尝试将园艺、灌溉和建筑结合，是古代巴比伦国王冠上的明珠。

图 3-3

图 3-4

（4）埃及帝王陵墓建筑群——吉萨金字塔群

建于公元前 2700—前 2600 年，其中以古埃及第四王朝法老胡夫的金字塔最大（见图 3-4）。塔基呈方形，边长约 230.5 m，高约 146 m，用 230 余万块巨石砌成。塔内有甬道、石阶、墓室等。

（5）万里长城（见图 3-5）

图 3-5

图 3-6

长城是我国历史上伟大工程之一。始建于公元前 8—前 3 世纪间的春秋战国时期。最早修筑长城的是楚国,当时称为"方城"。公元前 214 年,由秦始皇扩建完成。随后,各朝代都进行过修筑、扩建。其中以明代修筑规模最大,工程技术水平也最高。通常称的明长城为东起山海关,西止嘉峪关(见图 3-6),最后其长度达到 8 850 km。

（6）秦襄公(公元前 770 年)时期房屋木结构框架技术

公元前 770 年,秦襄公时期,人们曾用以木材(截面尺寸为 150 mm×150 mm 的方材)和青铜质金杠做成的木框架建筑房屋,这是现代房屋框架结构的雏形(见图 3-7)。

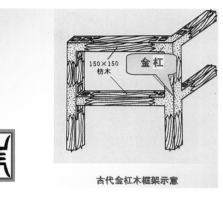

古代金杠木框架示意

图 3-7

（7）都江堰大型无坝引水枢纽

这是1974年清淤河床,在河床下4.5 m出土的东汉大型石刻像李冰,高2.9 m,面带笑容,兼容大度

石像上清晰可见"故蜀郡李府君讳冰"等字样

李冰是都江堰的设计者和兴建的组织者,值得后人永远缅怀、尊敬

图 3-8

都江堰修建于公元前 276—前 251 年(战国时期),由秦国蜀郡太守李冰(见图 3-8)率众修建,工程位于四川成都平原西部都江堰市西侧的岷江上,距成都 56 km,是世界历史上最长的无坝引水工程。以灌溉为主,兼有防洪、水运、供水等多种功能,效益延续至今。

都江堰无坝引水工程由鱼嘴分水岭(自动分流)、飞沙堰(溢洪道)、宝瓶口(进水口)等三部分组成(见图 3-9),两千多年来该工程一直发挥着防洪灌溉的作用。

都江堰科学地解决了江水自动分流、自动排沙、控制进水流量等问题,消除了水患。作为历史上最长的无坝引水工程,巧妙地利用工程智慧,有效解决了四川东旱西涝问题,实现了岷江下游地区的水利需求。另外,当洪水来袭时,飞沙堰能自行溃堤,起到了泄洪的作用。净化后的水经过宝瓶口

图 3-9

流向成都平原,使下游成为天府之国。

(8) 土耳其索菲亚大教堂

公元 532—537 年,位于现今土耳其伊斯坦布尔的宗教建筑,有近一千五百年的漫长历史,索菲亚大教堂因其巨大的圆屋顶和 4 个雅致的尖塔巍然屹立而闻名于世(见图 3-10)。圆屋顶为砖砌穹顶,支承在大跨砖拱和用块石、大理石砌筑的巨型柱墩(截面 7 m×10 m)上,圆顶直径 30 余米,高 50 余米(见图 3-11)。教堂创造性地使用穹隅支撑巨大的圆顶,穹隅可令圆顶得以接驳于下面由柱子组成的方形面,不仅可以达到令人满意的美学效果,又可稳定圆顶的侧面,使巨大圆顶的重量被引向下方(见图 3-12)。

图 3-10

教堂内部穹顶结构形成的巨大空间

图 3-11

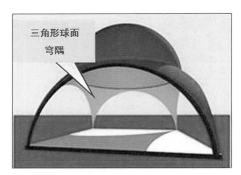

图 3-12

(9) 天下第一桥——赵州桥

赵州桥 1991 年被美国土木工程师学会选定为世界第十二处"国际土木工程历史古迹"(见图 3-13)。

赵州桥始建于隋朝(公元 595—605 年),距今已有 1400 多年,是当今世界上现存最早、保存最完善的古代敞肩石拱桥。何谓敞肩石拱桥?敞就是敞开,敞肩就是肩膀上是敞开的,也就是在大拱的两肩添加小拱,形成拱上拱,这种形式就叫敞肩拱(见图 3-14)。如果肩上没有小拱,叫做满肩或者实肩拱。

这座桥的特点是:

① 全桥只有一个大拱,长达 37.4 m,在当时可算是世界上最长的石拱。桥洞不是普通半圆形,而是像一张弓,因而大拱上面的道路没有陡坡,便于车马上下行走。

图 3-13

图 3-14

图 3-15

② 大拱的两肩上,各有两个小拱(见图 3-15)。这是创造性的设计,不但节约了石料,减轻了桥身的重量,而且在河水暴涨的时候,还可以增加桥洞的过水量,减轻洪水对桥身的冲击。同时,拱上加拱,桥身也更美观。

(10) 山西应县木塔(佛宫寺释迦塔)

建于公元 1056 年,塔高 67.3 m,八角形,底层直径 30.27 m。该塔共 9 层,是我国保存至今的唯一木塔,也是现存的最高的木结构之一(见图 3-16)。它虽经多次大地震仍完整无损,足以证明我国历史上木结构建筑的辉煌成就。

图 3-16

(11) 中国历代封建王朝建造的大量宫殿和庙宇建筑

中国历代封建王朝建造的大量宫殿和庙宇建筑,均系木构架结构,是用木梁、木柱做成承重骨架,用木制斗拱做成大挑檐(见图 3-17、图 3-18)。

斗拱是中国古建筑特有的一种结构。在立柱和横梁交接处,从柱顶上加的一层层探出成弓形的承重结构叫拱,拱与拱之间垫的方形木块叫斗,合称斗拱。

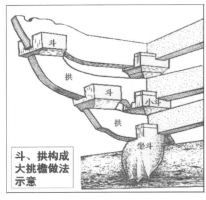

图 3-17

图 3-18

斗拱在承载古建筑大屋顶和挑檐中发挥了巨大的作用。

斗拱不仅承载了挑檐传递的重量,其独特的造型也具有较好的抗震性能,遇地震时松而不散,消耗了地震能量。古代劳动人民以柔(结构灵活)克刚(地震能量巨大),抵抗了自然灾害,这样的结构设计理念直到现在仍然具有借鉴意义。

以斗拱为代表的古建筑如北京故宫太和殿,始建于明永乐十八年(1420年),是故宫最壮观的建筑,也是我国现存最大的木构殿堂(见图 3-19)。在

图 3-19

美学和结构上它也拥有一种独特的风格。无论从艺术或技术的角度来看,斗拱都足以象征和代表中华古典建筑精神和气质。

(12)西欧各国的教堂建筑

拱券由拱和券组成,即拱和券的合称(Arch),是由块状料(砖、石、土坯)砌成的跨空砌体(见图 3-20)。利用块料之间的侧压力建成跨空的承重结构的砌筑方法称"发券"。用此法砌于墙上做门窗洞口的砌体称券;多道券并列或纵联的构筑物(水道、屋顶)称筒拱;用此法砌成的穹窿称拱壳。

拱券是欧洲古建筑里常见的结构形式,它不仅继承了拱在竖向荷载作用下优良的受力性能,同时还兼有美化建筑,塑造一种庄严、神圣艺术效果的作用。西欧典型的建筑形式是哥特式建筑,其代表性建筑有意大利比萨大教堂、法国巴黎圣母院、德国科隆大教堂等。

图 3-20

意大利比萨大教堂建于公元 11 到 12 世纪,系一组由教堂(1063—1118)、洗礼堂(1153)、钟塔(1174—1350)组成的建筑群(见图 3-21)。

巴黎圣母院是拱券结构的代表作。其建于公元 1163—1250 年,平面宽约 47 m,长约 125 m,可容近万人。圣坛上部的尖塔高达 90 m。正面是一对高 60 余米的塔楼,下部有三个

尖卷门洞(见图3-22)。

图 3-21

图 3-22

　　巴黎圣母院是法国早期哥特式建筑(Gothic Architecture)的典型。哥特式建筑11世纪下半叶起源于法国,是13—15世纪流行于欧洲的一种建筑风格,多见于教堂建筑。结构体系由砖石骨架拱券和飞扶壁组成。

　　飞扶壁(flying buttress)顾名思义就是扶持墙壁的意思,即为了平衡拱券对外墙的推力,而在外墙上附加的墙或其他结构(见图3-23)。图3-24中箭头示意飞扶壁支撑墙壁的推力。飞扶壁是一种起支撑作用的建筑结构部件,凌空跨越下层附属空间(如走道、小祈祷室等),连接到顶部高墙上肋架。飞扶壁这个建筑部件巧妙地与砖石拱券构成哥特式建筑的承重骨架。

图 3-23

图 3-24

　　德国科隆大教堂是欧洲北部最大的哥特式教堂,始建于13世纪中叶。平面呈拉丁十字形,长136.5 m,宽45.7 m,东端为7个小圆龛组成的半圆形卷廊,西立面有一对八角形塔楼,建于公元1842—1880年,高达150多米(见图3-25)。

综上所述,古代土木工程跨越时间漫长,从新石器时代到17世纪中叶;工程材料用的大都是天然原材料,如石材、土坯、草筋等;随着生产力的发展,材料的进步,土木工程的营造技术也在不断更新,如砖石拱券、飞扶壁、穹隅、斗拱等建筑构件出现,反映了人们设计理念和营造技术向空间高、跨度大的方向在探索、在实践。但毕竟受到科学技术水平和工程材料的限制,工程营造技术工艺还是以手工操作为主,施工工具也非常简单。尽管如此,人类社会早期除以上列举的典型工程以外,还有许多具有历史价值的工程,如西欧早期两个气势恢宏的神庙,一个是建于公元前447年的古希腊帕提农神庙(The Parthenon,见图3-26),另一个是建于公元120—124年的罗马万神庙(The Pantheon,见图3-27)。两个神庙都是用当地的天然石材大理石砌筑,但后期的罗马神庙营造技术比前期营造手法细腻,柱子秀而长,圆形神殿直径43.43 m,墙厚6.2 m,巨大穹隆采用当地火山灰砼做成拱券结构,更有气魄。

德国科隆大教堂

图 3-25

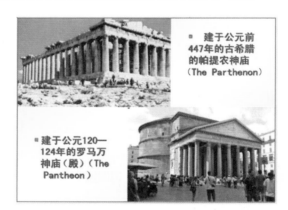

■ 建于公元前447年的古希腊的帕提农神庙(The Parthenon)

■ 建于公元120—124年的罗马万神庙(殿)(The Pantheon)

图 3-26

罗马万神庙(殿)The Pantheon

白色大理石柱高14.5 m

圆形神殿,直径43.43 m,墙厚6.2 m,上为半球形穹窿为火山灰砼拱卷结构

图 3-27

鱼嘴分水工程

都江堰举世无双无坝引水工程

图 3-28

在欣赏世界古代土木工程杰作的同时,对当代工程建设更有借鉴意义的是前面列举的我国李冰设计和组织施工的世界最长无坝引水工程,其多种功能效益延续至今的都江堰水利工程枢纽(见图 3-28)。

两千多年前建造的都江堰,以不破坏自然资源,充分利用自然资源为人类服务为前提,变害为利,使人、地、水三者高度和谐统一,是全世界迄今为止仅存的一项伟大的古代"生态工程"。都江堰水利工程,是中国古代人民智慧的结晶,是中华文化划时代的杰作,是中华优秀传统"天人合一,道法自然"等生态理念的体现,在今天,这些绵延数千年的生态理念依然是我国生态文明建设的思想指引。

3.2　近代土木工程发展简况及特点

近代土木工程发展的时间跨度从 17 世纪中叶至 20 世纪中叶的 300 年。在这个历史时期内,土木工程发展有三个鲜明的特征:第一,有力学和结构理论作为指导;第二,工程材料在秦砖汉瓦基础上,混凝土、钢材、钢筋混凝土以及早期预应力混凝土开始得到应用及发展;第三,土木工程营造技术不断进步,工程规模日益扩大,建造速度不断加快。

在这个历史时期内,伴随着资产阶级文艺复兴、欧洲工业革命的历史潮流,工程理论、建筑材料、施工技术领域出现了具有里程碑式的成就。土木工程正是在这一代又一代人的传承和创新中,推动着人类社会由古代文明时代向工业文明时代迈进。

3.2.1　土木工程理论的建立

(1)伽利略首先用公式表达了梁的设计理论

伽利略(Galileo,1564—1642)

图 3-29

伽利略(1564—1642)是意大利数学家、物理学家、天文学家,科学革命的先驱。1638 年他出版的著作《两门新科学的谈话》中,除动力学的内容外,还有不少关于材料力学的内容。例如,他阐述了关于梁的弯曲试验和理论分析,正确地断定梁的抗弯能力和几何尺寸的力学相似关系,论述了建筑材料的力学性质和梁的强度。(见图 3-29)

(2)英国科学家牛顿奠定了土木工程力学及设计理论的基础

牛顿是英国著名的物理学家,百科全书式的"全才",著有《自然哲学的数学原理》《光学》。他在 1687 年发表的论文《自然定律》里,对万有引力和三大运动定律进行了描述,奠定了现代工程学的基础。(见图 3-30)

艾萨克·牛顿（Isaac Newton 1643—1727）

图 3-30

莱昂哈德·欧拉
（1707—1783）

图 3-31

（3）瑞士数学家欧拉创建了土木工程结构柱的压屈理论，为分析土木工程结构物的稳定问题奠定了基础

瑞士著名数学家、物理学家欧拉（Leonhard Paul Euler，1707—1783）1744 年在他出版的《曲线的变分法》一书中首次建立了柱的压屈理论，得到计算柱的临界受压力的公式，沿用至今。（见图 3-31）

（4）法国工程师纳维建立了土木工程中结构设计的容许应力法

纳维（Marie Henri Naviar），法国力学家、工程师，1824 年评选为法国科学院院士（见图 3-32）。

在结构设计中最初采用的是材料容许应力的设计理念，这是纳维1825 年提出的设计理念，这个设计理念与里特尔等人提出的极限平衡设计理论一起，为土木工程的结构理论分析和设计打下了基础。同时他在工程方面改变了单凭经验设计建造吊桥（悬索桥）的传统，在设计中融入了理论计算。

（5）两次大地震推动了土木工程结构动力学抗震理论研究及工程抗震技术应用（见图 3-33）

纳维（1785—1836）

图 3-32

图 3-33

1906 年美国旧金山大地震,震级 7.8;1923 年日本关东大地震,震级 7.9。在两次大地震中,无数房屋倒塌,人员伤亡惨重,经济损失极大。由此,土木工程结构力学抗震理论研究及工程抗震技术应用得到人们的重视和发展。

3.2.2 土建工程材料投入生产并应用于工程

(1) 1824 年英国人阿斯普丁取得了波特兰水泥生产专利权,为后来混凝土在土木工程的广泛应用奠定了物质基础

水泥之所以在一开始被称为波特兰水泥,是因为英国人 J. 阿斯普丁用石灰石和黏土烧制成水泥,硬化后的颜色与英格兰岛上波特兰地方用于建筑的石头相似,故而得名。也就是说,波特兰水泥因起源于英国 Portland 而得名,这是国际上的统称,在我国称作硅酸盐水泥。

英国工程师J. 阿斯普丁　1824年取得生产水泥的专利,1850年投入生产,由此混凝土在工程中广泛应用

图 3-34

水泥正式投入生产是 1850 年,这为后期混凝土强度的理论研究和水泥开始广泛应用于工程建设奠定了物质基础(见图 3-34)。

(2) 1859 年英国工程师贝塞麦发明了转炉炼钢法,使钢材得以大量生产

贝塞麦(Bessemer SirHery, 1813—1898),英国发明家和工程师,转炉炼钢法的发明人之一

图 3-35

随着工业革命的胜利,工厂手工业转向了机器大工业。机器的大量发明和广泛使用,使钢铁成了最基本的工业材料。从前的炼钢方法已经不能满足工业和技术发展的需要,必须寻找新炼钢法以满足资产阶级工业革命的需要。贝塞麦发明了底吹酸性转炉炼钢法,这种方法是近代炼钢法的开端,它为人类生产了大量廉价钢,促进了欧洲的工业革命,从此,钢材在土木工程中得到广泛应用(见图 3-35)。

(3) 1865 年法国园艺师莫尼埃取得了钢筋混凝土的发明专利

1865 年的一天,法国园艺师莫尼埃(Joseph Monier)在观察植物的根系时,发现植物根系在松软的土壤里互相交叉、盘根错节,形成一种网状结构,从而把土壤抱成了团。莫尼埃从植物根系的这个现象中得到灵感:如果在做水泥花坛时,在混凝土里面先加上一些网状的铁丝,不就可以使建成的花坛更加结实了吗? 于是他马上开始动手试验,效果很好(见图 3-36)。

1875—1877 年,莫尼埃主持建造了世界第一座人行钢筋混凝土桥,跨径 16 m,宽 4 m。

图 3-36

（4）19 世纪 80 年代,混凝土施工采用预应力施加技术,为混凝土材料在工程建设中的应用提升了很大空间

何谓预应力? 为什么要给混凝土(人工石)施加预应力? 预应力张拉的基本原理早在古代就有所运用,例如木锯,木锯上绞紧的绳索对锯条施加了一个预拉力,使锯条能承受锯木运动中受到的重复变化的拉、压应力,从而避免抗弯能力很低的锯条被压、弯折破坏(见图 3-37)。这样古老的工程力学原理直到 19 世纪才被运用到混凝土施工中。1886 年美国工程师 P. H. Jackson 和德国的 C. E. Wdoehring 先后把预应力技术应用到混凝土结构中,但由于钢筋的应力松弛、混凝土的收缩及徐变很快等技术问题,以及理论与工程实践的问题还没解决好,直到 1928 年法国的 Eugene Freyssinet 首次将高强度钢丝应用于预应力混凝土,才取得成功,并在 20 世纪 40 年代后得到广泛应用与发展。

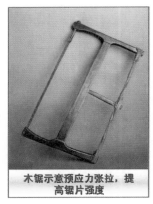

木锯示意预应力张拉,提高锯片强度

图 3-37

前面分析过,混凝土就是人造的石头,是人工石,它的抗压强度和石头一样,用这种材料营造大跨度的桥梁,如果不施加预应力,大跨度桥梁工程是做不了的。

图 3-38 有两张照片可供比较,说明预应力在工程中的应用。左边画面显示的是古老的梁式石板长桥,每跨长度不超过 3 m。经验告诉人们,桥板搁置在下面的石墩上跨度不能太长,否则石板会折断,不安全。右边画面显示的是施加了预应力的混凝土大桥,混凝土虽然和石材一样,都是脆性材料,但是右边大桥造型优美,跨度空间大,敞亮,桥下大型船只畅行无阻。左右两

此图左右均是梁式桥,左图材料是石材,右图材料是预应力混凝土,比较一下,哪个跨度空间大?

图 3-38

桥所用材料一个是天然石材,一个是施加了预应力的人工石,显然,右图画面中桥面跨越的空间更大。关于预应力混凝土的基本理论,这里先有一个感性认识,后续专业基础课和专业课还要深入学习。

3.2.3 高层建筑重要发明——安全升降机

1852年,美国人奥蒂斯(E. Otis)设计发明了安全升降机(见图3-39)。1852年,奥蒂斯的雇主,贝德斯泰德制造公司的老板要求他制造一台货运升降梯来装运公司的产品。作为一名熟练工长,奥蒂斯并不认为这是一个困难的任务,他很了解数百年来人们制造过的各种类型的升降梯问题的症结所在。如只要起吊绳突然断裂,升降梯便急速地坠落到底层,奥蒂斯为此设计了一种新的制动器,解决了这个问题。1854年,在纽约

伊莱沙·格雷夫斯·奥蒂斯(Elisha Graves Otis, 1811—1861),美国人,发明家,电梯的发明者

图 3-39

水晶宫展览会上,奥蒂斯公开展示了他的安全升降机,他站在载有木箱、大桶和其他货物的升降机平台上,当平台升至大家都能看到的高度后,他命令砍断绳缆,平台安然无恙,停在原地,纹丝不动。此举迎来了观众热烈的掌声,奥蒂斯不断地向观众鞠着躬并说道:"一切平安,先生们,一切平安!"

电梯的发明,为近代土木工程高层建筑设计及实践提供了重要条件。

3.2.4 近代土木工程发展时期著名工程掠影

(1) 英国建成世界第一座铁拱桥

1779年,英国在科尔布鲁克代尔附近的塞文河上修建了一座完全用铸铁构建的桥梁(见图3-40)。今天,这座铁桥作为工业文明史上的一个里程碑依旧巍然屹立在塞文河上。

世界第一座铁结构拱桥

该桥建于1779年,桥跨约30.5 m,矢高13.7 m,由五片半圆形拱肋组成,材料为铸铁。钢材的出现,把铸铁(以及锻铁)桥送进了桥梁历史博物馆,此桥曾使用170年

图 3-40

乔治·斯蒂芬逊(George Stephenson, 1781—1848),英国工程师、设计师、发明家。世界第一条铁路的发明者,后人称其为"火车之父"

图 3-41

(2) 1825年英国人斯蒂芬逊主持建造世界第一条铁路(见图3-41、3-42)

这条铁路由斯托克顿至达林顿,长约21 km。由于地处产煤地区,资本家早就拟定了修建铁路的计划,但是遭到封建贵族的阻挠和反对,他们认为,修铁路有违圣经的教义,是对上帝的背叛,说火车冒出的黑烟不仅损害田禾,使五谷不生,而且会毒化草地,连乳牛也不

产奶了。因此,几次申请都没有得到国会的批准。

1822 年 5 月 23 日铁路在斯托克顿开工,用了三年多的时间修建成功。

1825年,斯蒂芬逊制成了世界上第一台客运机车,并负责建成了从斯托克顿至达林顿的铁路,这是世界上第一条铁路,从而开创了铁路运输时代

图 3-42

世界第一座铁结构悬索桥——梅奈海峡桥

该桥位于英国的威尔士,1826年建成,桥型为铸铁悬索桥,主跨 177 m,为当时世界上最大跨度的桥梁,现仍存在

图 3-43

(3) 1826 年英国用铸铁建成世界第一座铁结构悬索桥(见图 3-43)

(4) 1851 年英国园艺师约瑟夫·帕克斯顿(Joseph Paxton)设计并主持建造水晶宫(见图 3-44)

水晶宫位于英国伦敦,它以钢铁为骨架,采用铸铁预制构件和玻璃建成,是 19 世纪的英国建筑奇观之一。它的建成不仅反映了英国工业革命的成果,也促进了 19 世纪建筑技术的革命。

水晶宫为铁结构,共用铁柱 3 300 根,铁梁 2 300 根。其外墙、屋面均为玻璃,大厅通体透明,水晶宫的名称由此得来。图 3-46 中的箭头示意金属材料制作的铁柱。水晶宫主要技术资料见图 3-45。

约瑟夫·帕克斯顿(Joseph Paxton,1803—1865)英国著名的园艺家、作家和建筑工程师,是著名建筑英国伦敦水晶宫的设计师

图 3-44

有关 Crystal Palace 较为详尽的资料。建筑物长度1851ft,正是为纪念1851年世博会在英国举办、英国展览厅所建

Architect	Joseph Paxton
Location	London, England (then ...)
Date	1851, moved 1852, burnt 1936
Building Type	exposition hall
Construction System	cast iron and glass
Climate	temperate
Style	Victorian
Notes	Modular construction system - prefabricated iron sections. Floor area of 770,000 sq ft., 1851 ft long, 450 ft wide.

1936年一场大火烧毁

结构类型:铸铁结构

平面尺寸:长1851英尺,宽450英尺

图 3-45

铁柱

1936年毁与一场大火

结构类型:铸铁结构

伦敦水晶宫的建造是世界近代建筑物的开端

图 3-46

世界上第一条地铁是英国伦敦大都会地铁，
建于1863年，长度约6.5 km，采用蒸汽机车

图 3-47

(5) 1863 年英国在伦敦建成世界第一条地铁

19 世纪中叶，伦敦比任何城市发展都要快。在这庞大帝国的中心，数以千计的新房屋、商店、办公楼和工厂为日益膨胀的劳动大军而建造起来时，地面以上的交通运输工具已不能满足城市建设发展的需要，城市地铁建设应运而生。第一条地铁线路采用了"挖—盖"的工序来建造，即挖掘一条深沟，然后封盖其顶部。

"大都会"地铁至今已运行了 160 多年，目前这条地铁已延伸至 88.5 km，有 61 个车站，是当今世界最长的一条地下铁道（见图 3-47、3-48）。

"大都会"地铁

图 3-48

近代高层建筑结构的萌芽，
美国芝加哥住宅保险大楼

"摩天楼之父"

威廉·勒巴隆·詹尼
（William Le Baron
Jenne，1832—1907），
美国建筑师与工程师，
芝加哥学派（建筑）
的创始人

图 3-49

(6) 1883 年"摩天楼之父"詹尼(B. Jenne)建成世界第一座高层建筑

1883 年，詹尼在美国芝加哥建造了一栋 11 层住宅保险大楼（The Home Insurance Building，见图 3-49）。这是世界上最先用金属铁框架（部分钢架）承受全部大楼重量的建筑，打破了在此之前房屋重量全部由建筑物外墙承受的做法。这为建筑物减轻重量，提升建筑物高度，为近代土木工程后期摩天大楼的兴起提供了经验。

(7) 1883 年，美国建成世界第一座大跨度钢悬索桥（吊桥）——纽约布鲁克林大桥，被誉为工业革命时代全世界划时代的建筑工程奇迹之一

纽约布鲁克林大桥（New York Brooklyn）位于美国纽约州纽约市，横跨纽约东河，连

接着布鲁克林区和曼哈顿岛，1883 年 5 月 24 日正式交付使用（见图 3-50、图 3-51）。大桥全长 1 834 m，桥身由上万根钢索吊离水面 41 m，是当年世界上最长的悬索桥，也是世界上首次以钢材建造的大桥。设计并主持建造布鲁克林大桥的是美国土木工程师、设计钢索吊桥的先驱约翰·奥古斯都·罗布林（John Augustus Roebling）及其一家（见图 3-52）。罗布林是一位德国移民，他曾经是德国著名哲学家黑格尔的学生，后来成为建筑师，

图 3-50

酷爱桥梁设计，带着建桥的心愿来美国创业。按照他的设计，布鲁克林大桥是当时世界上最长的桥梁，也是全世界第一座斜拉式钢索吊桥。计划建造周期 14 年。1869 年，他的建桥计划得到批准，而他自己却在一次河边勘察时因事故去世。他的 32 岁的儿子，华盛顿·罗布林，一名工学院土木工程系的毕业生，随即被任命为建桥总工程师。因长期在水下指导施工作业，3 年后患潜水病全身瘫痪，从此只能坐在家里的窗台前，用望远镜指导施工，而他的妻子艾米丽·沃伦·罗布林，就成了他的得力助手。为了把丈夫的指令准确传达给工人，她自学高等数学、力学、桥梁学等课程，每天往返于工地和家中，担负起大桥工程的实际指挥重任。大桥施工期间，还有 20 名建筑工人丧命（见图 3-53）。

图 3-51

经过罗布林一家及工人们坚持不懈的努力，1883 年终于建成了这一座世界桥梁史上的丰碑。布鲁克林大桥启用后，已成为纽约市天际线不可或缺的一部分，在 1964 年被誉为"美国国家历史地标"。

（8）法国埃菲尔铁塔

1889 年建成的法国埃菲尔铁塔是世界建筑史上的技术杰作，高 300 m，天线高 24 m，总高 324 m。埃菲尔铁塔得名于设计它的桥梁工程师古斯塔夫·埃菲尔。铁塔设计新颖独特，因而成为法国巴黎的一个重要景点和突出标志，在 1930 年之前，它始终是全世界最高的建筑（见图 3-54）。埃菲尔铁塔是 1887 年动工兴建的（见图 3-55）。

美国土木工程师罗布林（John Augustus
Roebling，1806—1869）及其儿子小罗布林

图 3-52

图 3-53

图 3-54

图 3-55

　　埃菲尔铁塔是由很多分散的碎片（钢构件）组成——这些构件看起来就像一堆模型组件。这些形状不一的碎片有 18 038 个，重达 10 000 t，要把它们安装成一个整体，施工时共需钻孔 700 万个，使用铆钉 250 万个。工程期间工程师埃菲尔雇用了 30 名绘图员，绘制出 1 333 m² 的图纸。据统计，草图就有 5 300 多张，其中包括 1 700 张全图。由于铁塔上的每个部件事先都严格编号，所以装配时没出一点差错（见图 3-56）。施工完全依照设计进行，中途没有进行任何改动，可见设计之合理、计算之精确，并且在施工中没出过一起事故。埃菲尔工程师做的实际工作是大量的、惊人的、细致的、精确的，这是一个伟大的人所完成的至今仍举世闻名的伟大工程！埃菲尔铁塔的设计和建造，体现了埃菲尔运用力学、结构和美学的概念和思路的巧妙、协调和统一。

　　（9）1890 年由贝格（B. Baker）设计并建成的福斯桥（Forth Bridge）

　　福斯桥位于英国爱丁堡附近，两孔主跨达 521 m，耗钢 50 000 t，属于悬臂式桁架梁桥（见图 3-57）。

图 3-56

图 3-57

图 3-58

在近代土木工程发展阶段,英国用金属材料建成了拱桥(1779 年在科尔布鲁克代尔建造的铸铁拱桥)、悬索桥(1826年建造的梅奈海峡铁悬索桥)和大跨度梁式桥(1890 年建造的福斯钢桁架梁式桥)三种桥型。这三种桥型在工业革命早期的英国就出现了,在近代土木工程发展时期用金属材料建成的桥型一直延续到现代(见图 3-58)。

(10)1931 年建成的美国帝国大厦

该大厦 1931 年在纽约州落成,属于钢结构,高度 381 m,底部面积为 130 m×60 m,向上逐渐收缩。帝国大厦从动工到交付使用只用了 19 个月,平均每 5 天建一层,施工速度极快(见图 3-59)。大楼主要是办公用房,共装 67 部电梯。据观测大厦在大风中最大摆幅为 7.6 cm,对人的感觉和安全没有影

图 3-59

响。1945 年 7 月，一架巨型轰炸机在大雾中撞上大厦第79 层，飞机坠毁，大厦局部受损，总体未受影响。

该大厦主要功能技术资料见图 3-60。

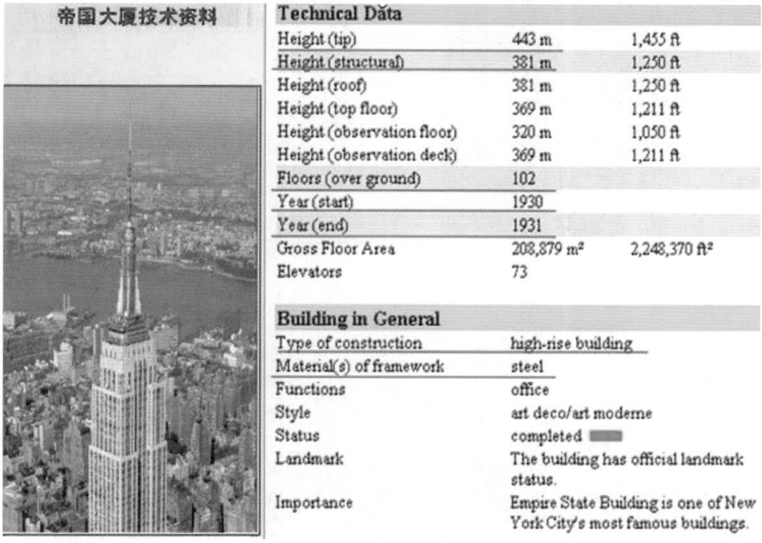
帝国大厦技术资料

Technical Dăta		
Height (tip)	443 m	1,455 ft
Height (structural)	381 m	1,250 ft
Height (roof)	381 m	1,250 ft
Height (top floor)	369 m	1,211 ft
Height (observation floor)	320 m	1,050 ft
Height (observation deck)	369 m	1,211 ft
Floors (over ground)	102	
Year (start)	1930	
Year (end)	1931	
Gross Floor Area	208,879 m²	2,248,370 ft²
Elevators	73	

Building in General	
Type of construction	high-rise building
Material(s) of framework	steel
Functions	office
Style	art deco/art moderne
Status	completed
Landmark	The building has official landmark status.
Importance	Empire State Building is one of New York City's most famous buildings.

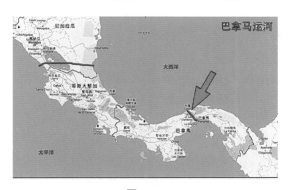

图 3-60

(11) 1880 年至 1914 年世界工程奇迹之一——巴拿马运河

图 3-61

巴拿马运河位于中美洲国家巴拿马，横穿巴拿马地峡最狭窄地带，是连接太平洋与大西洋交通运输的咽喉要道(见图 3-61)。

巴拿马运河全长 81.3 km，水深 13～15 m 不等，河宽 150 m 至 304 m。

巴拿马运河是世界最大的水闸式运河，运河水位高出两大洋 26 m，有船闸 6 座，可通行 4 万至 5 万 t 的海轮(见图 3-62)。船只通过时，需经三级船闸逐级提高水位，将船体抬升才能通行；驶至另一端时，又需经三级船闸，将船只逐级降至海平面，如此壮观景象，是巴拿马运河所独有的(见图 3-63)。巴拿马运河工程浩大，从 1880 年动工到 1915 年通航，历经 35 年(见图 3-64)。为了建造巴拿马运河，法国政府出资 3 亿美元，美国接手后又追加了近 4 亿美元，共挖掘了近 2 亿万方土方，用了 450 万方混凝土。据记载从 1880 年到 1914 年，有来自近 55 个国家的劳工以及各类工程技术人员将近 9 万多人付出生命，为建此运河人类付出了巨大代价。

世界七大工程奇迹之一，誉为"世界桥梁"——巴拿马运河

图 3-62

世界最大的水闸（通过水闸调节上下游水位，使船舶在上、下游水位之间做垂直的升降）式运河

图 3-63

1880年1月1日，法国宣布正式开工挖凿巴拿马运河

图 3-64

　　建造巴拿马运河的技术难题是运河如何跨越山头障碍。用炸药削平山头，建一条和海平面保持一致的运河（海平式运河），即用平挖的方法，将开挖的河道与大西洋和太平洋连接，这最初的建设方案是由当时工程负责人法国著名工程师菲迪南·德·勒塞普（Ferdinand de Lesseps）提出来的，之前此人成功负责开凿了苏伊士运河。由于他对巴拿马的特殊地形估计不足，机械地照搬以前的成功经验，草率地制定了上述方案。谁知施工后，才发现巴拿马地峡临太平洋一端的海面，要比加勒比海一端低出20多厘米，根本无法修建海平式运河，这个发现给勒塞普所属法国运河公司以致命的打击，使工程落败。1905年，美国总工程师斯蒂芬接手，他同法国人一样，也想将山头挖掉，每月动用40万磅炸药，想炸开当年法国人勒塞普没有征服的山头。谁知第二年，洪水泛滥，斯蒂芬遭遇了和法国人相同的命运。最终美国人不得不改变方案，建造提升船闸和人工湖，调整了建设方案，取得了成功。

　　船闸是水工建筑物，建造它可使船舶在上、下游间适宜通航的水位垂直升降。巴拿马运河船闸太平洋一侧有两座，大西洋一侧有一座，其中大西洋一侧船闸有三层，高达21 m，每扇有745 t重，来自大西洋的船只在船闸中被提升26 m，进入人工筑坝拦截查格里河形成的嘎顿人工湖，通过运河再经过一座单层船闸降到海拔16.5 m，进入米拉弗洛湖，最后经过一座双层船闸降到海平面高度进入太平洋（见图3-65），每座船闸都是成对的，可以双向通行。

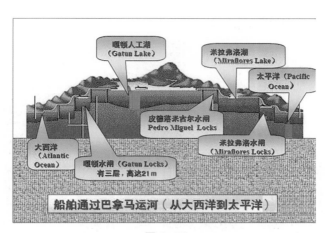

图 3-65

3.2.5 近代土木工程发展时期工业文明的反思

18 世纪 50 年代,英国进行了第一次工业革命,工业革命使英国成为世界上率先实现工业化和城市化的国家。

图 3-66

在短短的几十年内英国由落后的农业国一跃而成为世界上最先进的资本主义工业强国,号称"世界工厂",建立了强大的纺织、冶金、煤炭、机器和交通运输业。英国人在享受着工业革命带来的丰厚的物质利益的同时,也在品尝着由工业革命引发的"城市病"带来的苦果。英国的"城市病"最突出的就是环境污染日趋严重,当时伦敦就以"雾都"扬名世界(见图 3-66)。同时伦敦自中世纪以来就未曾改进过城市排水系统,污水排放一直混乱,随着城市人口急剧增加,生活污水、垃圾、粪便未经处理,直接排入泰晤士河,使伦敦的母亲河变成了天然的下水道。到工业革命后期,19 世纪中叶,伦敦几度爆发流行病霍乱,导致 4 万多伦敦人丧生。面对生存环境被严重破坏引起的灾难,当时的伦敦政府痛定思痛,不得不拿出巨资采取措施,进行环境治理。

1856 年,工程师巴瑟杰提出伦敦地下排水系统改造工程计划,1859 年正式动工,1865年完工,用了 6 年时间建成了长达 2 000 km 的新下水道,成功终结了霍乱流行的时代。伦敦地下排水系统改造工程被誉为工业革命世界七大奇迹工程之一(见图 3-67)。

近代土木工程时期在英国发生的工业发展与生态保护失调的问题,也在西方其他工业

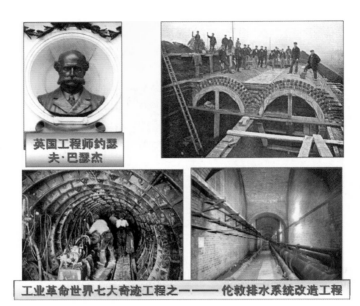

英国工程师约瑟夫·巴瑟杰

工业革命世界七大奇迹工程之一——伦敦排水系统改造工程

图 3-67

发达国家频频发生。

提起德国,人们的印象是经济发达、环境优美。然而,20 世纪初期以来,随着工业的高速发展,莱茵河曾一度成了欧洲最大的下水道(见图 3-68)。

莱茵河是一条著名的国际河流,它发源于瑞士阿尔卑斯山,自南向北流经瑞士、列支敦士登、奥地利、德国、法国和荷兰等国,于鹿特丹港附近注入北海。全长 1 360 km,流域面积 2.24×10^5 km²。自古以来莱茵河就是欧洲最繁忙的水上通道,也是沿途几个国家的饮用水源。

莱茵河鱼虾绝迹

莱茵河成了沿途国家天然下水道

图 3-68

然而 20 世纪莱茵河水曾一度污染严重,河水又黑又臭。莱茵河仅在德国段就有约 300 家工厂把大量的酸、漂白液、染料、铜、镉、汞、去污剂、杀虫剂等污染物倾入河中;此外,河中轮船排出的废油,两岸居民倒入的污水、废渣以及农场的化肥、农药,都使水质遭到严重的污染。据估计,河水中的各种有害物质达 1 000 种以上。德国成为世界上环境污染最严重的国家之一。1986年11月1日,瑞士巴塞尔的桑多斯化工厂仓库失事起火,近30 t硫化物、磷化物、汞、灭火剂溶液随水注入河道,造成大批鳗鱼、鳟鱼、水鸭等水生生物死亡;下游160 km内约有60万条鱼被毒死;480 km内的井水不能饮用;沿岸许多自来水厂、啤酒厂被迫关闭;使已经投资了300多亿马克的莱茵河治理工程前功尽弃,莱茵河也被生物学界宣布为"死亡"河。莱茵河流域生活着5 800万人,其中2 000万人以莱茵河为饮用水源,残酷的生态灾难,终于唤醒了民众、企业和政府,打破国与国的界限展开跨国合作治理,采取联合行动,用了近40年的时间,花费了巨大代价终于使莱茵河恢复往日生机。如今的河水已经达到接近饮用的干净程度,很多对环境敏感的物种开始回归。目前,莱茵河中生活着63种鱼,因对水质要求非常高而被当作指标物种的鲑鱼在一度绝迹后,也开始重回莱茵河。德国现已成为世界公认的环境保护最好、生态治理最为成功的国家之一(见图3-69、图3-70)。

图 3-69

图 3-70

从17世纪中叶到20世纪中叶,在这三百多年的时间里,人类社会经历了从封建农业社会到以科学技术为导向推动经济蓬勃发展的资本主义社会。从土木工程发展历程来看,科学技术对于社会生产力的解放和改造大自然起到了巨大作用。在这个历史时期,西方工业发达国家一方面在享受工业文明带来的空前的物质利益成果,同时在很长的时间里,不少工业发达国家却在经受着工业发展与保护生态失衡酿成的各种各样的生态灾难。西方国家只用很短的时间完成了国家的工业化进程,但却要花费更多的时间和巨大的代价解决其生存环境问题,修复、恢复生态系统,这是近代土木工程发展历程不争的事实。

3.3 现代土木工程发展简况及特点

现代土木工程的时间跨度为 20 世纪中叶第二次世界大战结束后至今。现代工程具有鲜明的科学性、社会性、综合性、实践性和创新性等时代特点,这些特点体现在:土木工程功能要求多样化,城市建设立体化,交通运输高速化,以及工程建设与生态文明建设一体化。

3.3.1 土木工程功能要求多样化

现代土木工程的功能已超越本来意义上的挖土盖房、修路架桥的使用功能。公共建筑和城市住宅建筑等土木工程设施更多地要求与生态环境、结构布置与城市总体发展规划,构建生态城市、智慧城市等与人民日益增长的美好生活需要相结合,而不再停留在仅满足"坚固、耐久""遮风避雨"等基本要求上(见图 3-71)。功能要求多样化,这是由 21 世纪现代工程基本特征中的社会性、综合性决定的。因此,土木工程功能要求从单一到综合,并开始向生态环境、人文情怀、人工智能、建筑美学等方向发展,向探索宇宙奥秘为人类谋福祉方向发展。

图 3-71

党的十九大报告中,被誉为"大国重器"之一的天眼工程,是我国拥有自主知识产权的 500 m 口径球面射电望远镜(Five-hundred-meter Aperture Spherical radio Telescope,简称 FAST),已于 2016 年 9 月 25 日落成启用(见图 3-72)。它拥有 30 个标准足球场大小的接收面积,能观测到 137 亿光年外的距离,按照科学家目前对宇宙的认识,这差不多是接近宇宙的边缘的距离,不愧是"天眼"。中国天眼工程是现代土木工程功能化的典型案例,建设方案由我国天文学家南仁东于 1994 年提出构想,历时 22 年建成。它的功能要求就是观测宇宙、探测宇宙,为人类造福。功能要求虽然单一,然而其功能实现离不开现代工程基本建设规律,从土木工程勘察、测量、选址,为"天眼"选择合适的"眼窝";从结构和材料设计采用世界上跨度最大、精度最高的索网结构,为"天眼"夯实工程地基基础、勾画"眼底";从

图 3-72

为"天眼"探索宇宙深处奥秘安装各类信号网络,在"眼底"密布"神经",到最终点明"眼珠",科研工作者和工程建设者要把46万块镜面反射面板单元精准拼接铺设到位,完美实现了土木工程在探索宇宙的功能化方向上与现代高科技技术的结合(见图3-73)。

图 3-73

3.3.2　城镇建设立体化

20世纪中叶以来,随着经济发展和人口增长,城市人口密度迅速加大,造成城市用地紧张、地价昂贵,迫使房屋建筑向空中发展,高层建筑和超高层建筑发展迅速。与此同时,人类开始寻求向地下发展空间,由此兴建地下空间工程如地下铁道、地下综合管廊、商业街、停车库、体育馆、影剧院、工业厂房、地下仓库等,城市地下空间工程不断扩展(见图3-74)。

图 3-74

为了解决城市交通拥挤,高架城市道路与立交桥大量兴建,世界各国城市快速轨道交

图 3-75

通系统发展迅速,特别是在我国已有 37 座城市修建了地铁,同时城市客运有轨交通系统另外一种形式,即轻轨,在城市立体化建设中也有很大发展(见图 3-75)。无论是城市地铁还是轻轨,都因其运量大、快速、低能耗、环境污染少、乘坐舒适方便等优点,常被称为"绿色交通"。城市轨道交通对于 21 世纪实现城市可持续发展,缓解城市交通压力有重要的现实意义。

什么是地铁? 什么是轻轨? 在城市轨道交通系统中,是不是行驶在地面以下的就是地铁? 在高架桥上行驶的就是轻轨? 地铁与轻轨行驶的钢轨质量是否不同,是不是地铁重而轻轨轻呢? 如何区分城市地铁与轻轨? 根据国际标准,现代城市轨道交通列车可以划分为 A、B、C 三种型号,分别对应的列车宽度为 3 m、2.8 m、2.6 m。凡是选用 A 型或 B 型列车的轨道交通路线称为地铁,可采用 5~8 卡编组列车;选用 C 型列车的轨道交通路线称为轻轨,采用 2~4 卡编组列车。根据地形、环境和设计要求,地铁和轻轨都可以建在地下、地面或高架上。地铁和轻轨都选用轨距为 1 435 mm 的国际标准双轨作为列车轨道,与国铁列车选用的轨道规格相同,并没有所谓的钢轨

图 3-76

轻重之分。近些年来有些大城市在轨道系统建设中,因地制宜选用了单轨式列车。单轨式列车可分为座跨式和悬挂式(空中列车,见图 3-76),单轨列车已不属于严格意义上的轻轨了。为方便认知,很多国家如德国,已不分地铁和轻轨的称呼,一律称为城市轨道交通系统(Urban Railway Transport System)并统一编号,方便民众旅行认知选择,也方便管理。这里值得一提的是悬挂式单轨列车又被称为"空轨""空中列车",是一种轻型、中速、中运量、

低成本的新型城市轨道交通类型。2017年7月我国研制的悬挂式单轨列车成功上线,因采用部分高铁技术,提升了运营安全性和乘客舒适度,适用于景区、山区、城市,拥有巨大的市场潜力,已在部分城市投入运营。

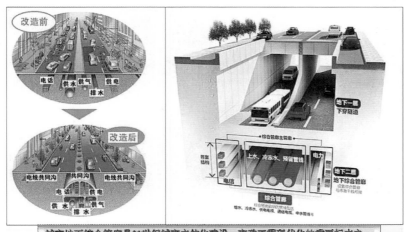

图 3-77

近些年来世界各国在城市立体化建设中,越来越重视城市地下空间工程综合管廊的建设。地下综合管廊是 21 世纪新型城市市政基础设施建设现代化的重要标志之一。城市地下综合管廊(Urban Underground Integrated Pipeline Gallery),国外称"共同沟(Utility Tunnel)""共同管道",就是地下城市管道综合走廊,即在城市地下建造一个隧道空间,将电力、通信、燃气、供热、给排水等各种工程管线集约化于一体,容纳在综合管廊中。管廊设有专门的检修口、吊装口和监测系统,实施统一规划、统一设计、统一建设、统一管理,是保障城市运行的重要基础设施和"生命线"(见图 3-77)。这样做不但美化了城市环境,也避免了由于埋设或维修管线而导致政府各行政部门各自为政,对路面重复开挖,有效地解决了城市马路经常"开膛换拉链"的怪病。

3.3.3 交通运输高速化

21 世纪是信息化时代,交通运输突显高速、跨国便捷,这是时代潮流,大势所趋。随着世界经济一体化进程不断加快和"一带一路"建设理念在沿线各国深入人心,世界各国人民迫切希望依靠科学技术进步,实现命运联通、信息联通、经济联通、客运联通、货运联通、交通基础设施联通,实现客运高速化、货运物流化,建立现代新型综合"海、陆、空"交通运输立体管理体系(见图 3-78),这为当代土建类大学生提供了广阔的舞台。实现交通运输高速化,是现代土木工程的显著特点。

特点一:客运高速化。我国高铁目前总里程约 2×10^4 km,世界第一;到 2020 年将增加到 3×10^4 km,稳居世界第一。高铁是中国经济建设发展的标志,是现代中国的"名片"。

2018 年 6 月 29 日媒体报道,我国自主研制的世界最长最快的高铁列车——全长 416 m、时速 350 km 的"复兴号"已上线运营(见图 3-79)。

特点二:货运物流化(见图 3-80)。

图 3-78

图 3-79

图 3-80

特点三:构建新型综合"海、陆、空"交通运输立体管理体系。

据交通运输部 2018 年 6 月 25 日发布的信息,到 2020 年我国高速铁路里程将达到 3×10^4 km,覆盖全国 80% 以上、城区常住人口 100 万以上的城市;高速公路总里程将达到 1.5×10^5 km;民航运输机场基本覆盖城区常住人口 20 万以上的城市。2013 年 9 月 16 日在四川省甘孜藏族自治州建成稻城亚丁机场,海拔高达 4 411 m,是目前全球范围内海拔最高的机场,其银灰色主体建筑的造型像一艘巨大的"飞碟"(见图 3-81)。

交通运输高速化,还体现在配合海上"一带一路",新增沿海港口万吨级以上深水泊位约180 个,其中广西防城港码头扩建工程,对于国家构建新型综合交通运输管理体系,意义重大。防城港位于广西北部湾畔,是广西最大的海港,与世界 180 多个国家和地区有往来贸易。地处华南、西南经济圈与东盟经济圈的结合部,是中国唯一与东盟各国陆海相连的枢纽地带,水陆交通便利。防城港直接与全国公路、高速公路

图 3-81

联网,并与西南公路出海大通道相连,开辟有连接"珠三角""长三角"、环渤海湾等经济圈的国内航线,海运网络覆盖全球,集装箱航线开辟了东南亚。拥有泊位 41 个,其中生产性泊位 37 个,万吨级以上深水泊位 26 个,泊位最大靠泊能力为 20 万吨级。目前在建我国第 4 座巨型 40 万吨级码头(见图 3-82)。

图 3-82

交通运输高速化势必推动桥梁工程和隧道工程建设的现代化,除举世瞩目的港珠澳跨海通道建成之外,2018 年6 月 30 日我国贵州平罗高山峡谷上修建的特大桥,主体成功合龙。这是世界跨度最大的钢管混凝土上承式拱桥。

上承式拱桥(见图 3-83 的右下图),即桥面在拱结构上方。该桥主跨450 m,大桥桥台所在山坡峰顶与河底相对高差大约 250 m,是名副其实的空中"天路"。

图 3-83

3.3.4 工程建设与生态文明建设一体化

21世纪人类社会已经由工业文明时代进入生态工业文明时代。现代土木工程建设必须顺应时代发展特点,把生态文明建设融入经济建设,坚决贯彻党和国家用绿色、循环、低碳发展理念构建生态经济发展新模式,引领新型工业化、新型城镇化,实现工程建设与生态文明建设一体化,这是现代土木工程发展在新经济新时代要遵循的建设理念。西方工业发达国家在近代土木工程发展时期,在推进实现工业化进程的同时不重视环境保护,大排大放,到后来却花费巨额代价治理环境,修复生态,其深刻教训,世界各国发展经济应引以为戒。在现代土木工程发展时期,如何把工程建设与生态文明建设的关系协调好、处理好,现在有些国家的做法、经验值得借鉴。

城市建设现代化与生态文明建设一体化的典范——"花园之国新加坡"

图 3-84

众所周知,新加坡是赤道热带城市岛国,国土面积仅有719.1平方公里,有许多地段完全靠填海而成,每平方公里的居住人数超过7 600人,是全球第二拥挤的国家。国家天然资源无论是淡水、土地还是各种矿产资源都相当匮乏,很早就有人断言,新加坡只适合8.5万人口居住,可现在的新加坡,全国人口已高达550万人,一个发展先天不足的国家,却在全球繁荣指数、幸福指数、生活质量等多方面排名位于世界前列,甚至世界第一。是什么原因让新加坡成为世界著名的"花园之国"呢? (见图3-84)这是因为早在20世纪60年代,新加坡便在联合国专家的协助下完成了"国家和城市规划",在城市化进程中提前构筑了一个"立体"规划,制定了新加坡未来40~50年的发展蓝图和土地应用策略,严格规定城市在交通、建筑、园林、商业等用地统一实行、规划分配,避免了城市飞速发展时无政府状态乱开发。同时针对国情,新加坡特别重视地下空间开发利用,制定了统一详细的规划设计,规定地表以下20 m内,建设供水、供气管道;地下15 m至地下40 m,建设地铁站、地下商场、地下停车场和实验室等设施;地下30 m至地下130 m,建设涉及较少人员的设施,比如电缆隧道、油库和水库等。20世纪90年代末,新加坡首次在滨海湾成功推行地下综合管廊建设,这条地下综合管廊距地面3 m,全长3.9 km,集纳了供水管道、电力和通信电缆,甚至垃圾收集系统,有效解决了目前世界经济社会城市化进程中的各类"城市病"。

　　2017年4月,党中央、国务院决定设立河北雄安生态文明新区,强调规划建设要以生态文明理念为指导,体现生态文明的目标、原则和要求,把雄安新区建设成为全国生态文明的标杆和典范(见图3-85)。

图 3-85

　　目前雄安新区第一个标志性建筑群——雄安市民服务中心,主体工程全面完工(见图3-86)。工程从规划、设计到施工全部以建成绿色智慧城市总体目标为导向,设计采用模块化,营造选择装配式施工,每个单元房都是由一个个集装箱拼接而成,远处看上去就像超级火柴盒搭建的积木拼图,生动而有趣(见图3-87)。此外,"节能低碳""海绵城市"等许多城市建设新理念在项目中也得到了应用。建设中严格质量管理,采用智能化,把BIM技术数字化管理系统应用于建设管理,智慧工地,智慧管理,智慧运营,实现"刷脸"进工地、

图 3-86

GPS定位,每个工程构件均嵌有智能芯片,扫描构件上的二维码,即可追溯生产厂家、制作日期、规格、重量、运输、安装等信息(见图3-88)。未来雄安新区将建设首个"块数据",涵盖

图 3-87

个人数据、企业经营数据、环境数据、交通数据,大数据、生物识别、人工智能、云计算、智慧交通等也在项目中得到实际应用,雄安生态文明新区正在开创中国城市创新发展新模式,引领现代土木工程发展方向。

工程建设与生态文明建设一体化是现代土木工程的发展方向,这一理念广大土建工程设计者、建设者正在践行。2016 年建成并投入运营的上海天马山世贸深坑酒店,从城市区域规划、地下建筑设计、结构设计、施工组织管理等诸方面都体现了这一工程建设发展理念。上海天马山世贸深坑酒店是世界海拔最低的酒店,坐落于一座深达 80 m 的废弃大坑,深坑原系采石场,经过几十年的采石,形成一个周长千米、深百米的深坑。酒店高度约 70 m,共 19 层,建筑分为坑外和

图 3-88

坑内两部分,坑外 3 层,坑内 16 层,其中有两层在水下(见图 3-89)。众所周知,上海的大部分地区地质结构不稳定,长三角地区地下渗水严重,地层松软,这样的地质条件、地形环境

图 3-89

如何将建筑物建造在坑壁上?深坑酒店的周边是陡峭的岩石壁,防震这个极其重要的问题如何解决?在地面以下 80 m 的坑中建造的建筑物,遇到极端情况消防逃生如何解决?水往低处流,这是自然规律,在一个露天百米的深坑里,如何防积水,特别是人工景观湖的湖面如何维持在一个安全的水位?工程建设在这样的一个深坑营造环境中,施工组织管理要由上往下,而传统是由下往上,如何解决?这些技术难题在工程技术人员的工程实践中,一一得到解决。现在废坑换新颜,终于以全新的风貌展现在世人面前。设计施工人员充分利用了深坑的自然环境,极富想象力地成功建造起这样一座五星级酒店,整个酒店与深坑融为一体,相得益彰,这是人类建筑史上的奇迹,也是自然、人文、历史的集大成者。

土木工程确实是一门古老的学科。它伴随着人类社会的发展,经历了古代、近代、现代发展时期,积累了人类不同文明时期的智慧,推动着不同时期土木工程设施营造技术的巨大进步。学习土木工程发展的历程,要深刻认识不同历史时期工程材料的改革和创新是土

木工程发展的驱动力。同时学习简史,不要仅仅停留在人类为创造崭新的物质环境征服自然、改造自然而创造的一个又一个人间奇迹上,还要从土木工程的发展进步及其教训中总结出规律性的东西,"历史是一面镜子",这对于新时代处理好工程建设与生态文明建设有借鉴意义。学习简史,清楚了解土木工程发展当前所面临的挑战和发展机遇,要看到世界正经历工业革命以来最深刻的变革,经济全球化、信息工业化是大势所趋(见图 3-90)。

图 3-90

另外还要看到地球人口持续增加,现在近 70 亿,21 世纪末要接近百亿,地球上的土地资源和可用的自然资源会因过度消耗而日益枯竭。另一方面经济建设与生态文明建设严重失调,地球生态环境严重破坏,如地球资源无序开采、江河海洋水体污染、土地荒漠化、森林植被破坏、城市病突显等,学习简史要思考发生在眼前的这些问题(见图 3-91)。人们在享受城市化、现代化带来的物质文明的同时,又切实感受到赖以生存的空间日益恶化。土木工程发展所面临的问题和挑战,还有待于从理论到实际的结合去探索和创新,从这个意义上来说,土木工程又是一门年轻的学科,是当代土建类大学生发展的机遇,可激发大学生更多的社会担当意识和责任感,以及学习的使命感、危机感和责任感。

图 3-91

学习思考题

1. 如何用大工程观的视野打破专业壁垒分析目前土木工程发展的现状?

2. 土木工程发展当前面临的挑战有许多问题涉及国计民生,当代大学生如何向国内外前辈如科学家爱因斯坦、居里夫人等以及无数"大国工匠"那样,为造福人类,献身科学、献身工程、献身人民,做合乎时代和人们要求的合格的工程师?

3. 如何根据土木工程发展新时代的要求,明确学习目标,根据自己的实际情况,做好人生规划和大学学习计划?

4. 如何把信息技术、互联网,甚至手机的功能与专业学习结合起来,关心专业学习发展方向和最新学习动态,提高自学能力,用大工程观倡导的工程辩证思维方法和"工程链"学习和分析工程问题,提高分析问题和解决问题的能力?

5. 简述古代土木工程发展简史跨越的时间。这个历史时期工程建设有什么特点? 为什么说我国古代都江堰工程是生态工程? 对现代工程建设有什么启示?

6. 简述近代土木工程发展简史跨越的时间。这个历史时期工程建设有什么特点? 发达国家在享受工业革命带来的物质文明的同时,历史上也经受了工业革命带来的生态灾难,为此又付出巨大代价修复生态,其教训是什么?请举例说明。

7. 菲迪南·德·勒塞普是法国著名工程师,他有成功设计、建造苏伊士运河的经验,为什么却在主持修建巴拿马运河时碰得头破血流,宣告失败?工程师们应当从中吸取什么教训?

8. 简述现代土木工程发展简史跨越的时间。这个历史时期工程建设有什么特点?

9. 在现代城市立体化建设中,为什么轨道交通被称为"绿色交通"?

10. 城市轨道交通有地铁、轻轨,什么是地铁?什么是轻轨?如何区分?近几年有些城市出现了单轨式列车,有哪些类型?单轨式列车是地铁吗?是轻轨吗?

11. 什么是城市综合地下管廊?建设管廊有什么现实意义?

12. 为什么说新加坡的城市规划是工程建设与生态文明建设一体化的典范?

土建类专业基础知识

学习提要

本章学习内容是土木工程专业包括土建类各专业,大一新生必须具备的专业基础知识。这些内容包括:土木工程材料基础知识,土木工程力学基础知识初步,土木工程构件与结构基本知识和土木工程设计基本概念。了解这些内容、学习这些内容、掌握这些内容对于后续专业基础课、专业课学习,提升自学能力必不可少。

4.1 土木工程材料基础知识

这一节学习内容主要是了解土木工程材料基本属性及其工程分类,了解土木工程各类工程设施对材料的基本要求,以及材料对工程质量的作用和对工程造价的影响,了解当前工程建设常用材料的类型、工程性能,掌握选择工程材料的基本技能,以及21世纪工程材料发展方向。

4.1.1 土木工程材料的重要性

土木工程材料(Civil Engineering Materials)是指构成土木工程各类设施中受力结构的主体材料和功能性材料,它是构成各种类型工程设施的物质基础。没有工程材料做保证,所有工程设施都是一纸空文、纸上谈兵。土木工程建设就是将各类材料有序地构筑在一起,材料构成了土木工程的实体,因此工程建设往往需要大量的材料。据经验统计,1 m² 建筑物所用材料为 1~2 t,铺设 1 km 铁路大约也是这个数。以 2011 年 6月 30 日正式通车的京沪高铁为例,京沪高铁全长 1 318 km,总投资约 2 209 亿元,平均每天要消耗 $1×10^4$ t 钢筋、$3.5×10^4$ t 水泥、$1.1×10^5$ m³ 混凝土,一天完成投资额约 1.9 亿元,整个高速铁路钢材的用量大概是 $5×10^6$ t,按照每个"鸟巢"$4.2×$

京沪高铁控制性关键工程——南京大胜关长江大桥

图 4-1

10^4 t 用钢量计算,相当于 120 多个"鸟巢"的用钢量。如此庞大的工程材料用量,从材料采集、生产、运输、储存等环节都需要大量的人力物力,可以拉动其他行业每天产生十多亿元经济效益。再看京沪高铁控制工程南京大胜关长江大桥(见图 4-1),用钢量 $8.23×10^4$ t,是武汉长江大桥的4倍,是"鸟巢"的2倍。大桥下部结构钻孔桩2 355 根,钢筋 8.06×10^4 t,混凝土总量达到 1.22×10^6 m^3,可见工程材料用量之巨大。

土木工程材料的重要性应从以下三个方面去理解:

(1) 所有工程设施都是由多种工程材料有序构筑起来的。一个工程项目要把图纸变成工程实体,所需的工程材料用量首先要保证。

(2) 工程造价从某种意义上来说,就是工程材料计价,土木工程材料占工程总造价的60%。前面已讲过,土木工程要解决的第三个重要问题就是充分发挥材料的作用,这里的充分发挥就是从工程质量和工程造价两个方面充分发挥材料的内在潜能。选择材质好的工程材料同时还要考虑成本,这本身是一对矛盾,但若是材料选用不当,就很可能会酿成事故。据统计,由于土木工程材料选用和制作错误引起的重大事故,可占工程事故总数的三分之一,可见,土木工程材料对土木工程的安全、使用、经济等方面都具有十分重要的意义。

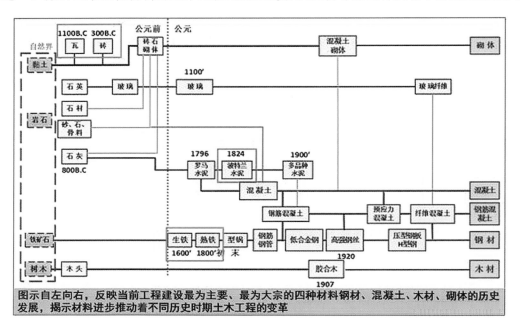

图 4-2

(3) 土木工程材料发展简史(见图 4-2)告诉我们,每个时期土木工程发展都离不开工程材料的革新和进步,工程材料变革是推动土木工程发展的动力。

4.1.2 工程设施对材料的基本要求

各类工程设施都会对它采用的材料提出各种要求。基于工程设施的使用功能,最基本要求就是坚固、耐久,同时还要结合具体工程提出一些特殊要求,如防火、防水、耐磨、防渗、抗冲击、防核辐射等。2010 年 11 月 15 日,上海静安区胶州路某公寓大楼发生一起特别重大火灾事故,造成 58 人死亡,71 人受伤,直接经济损失 1.58 亿元。除现场施工管理混乱外,就是大楼节能保温改造工程所选用材料以次充好,达不到国家对外墙外保温材料防火等级的最低要求,由无证施工人员电焊诱发整个大楼突然起火所致,这次大火血的教训是多方面的(见图 4-3)。

关于房屋建筑节能保温改造工程,这是国家近几年启动的建筑节能有效措施。因为我国既有的 400 亿 m² 建筑中,95％以上是高能耗建筑,每年新建近 20 亿 m² 建筑中,仅有 15％～20％能达到国家强制性节能标准,建筑耗能几乎占我国总能耗的一半,建筑业是名副其实的耗能"大户",而外墙外保温是住建部倡导推广的主要节能保温形式,这项新技术实际上就是给已建的房屋建筑穿上"大棉袄",这是利国利民的大好事。其构造做法如图 4-4 所示,外墙外保温构造自里向外有 5 个构造层次,其核心部位是在建筑外墙铺设

2010年11月15日,上海静安区胶州路某公寓大楼发生的一——起特别重大火灾事故,除管理混乱与外墙外保温所选材料不合格有关

图 4-3

一层保温板,防止室内能量白白流失,以做到"冬暖夏凉"。

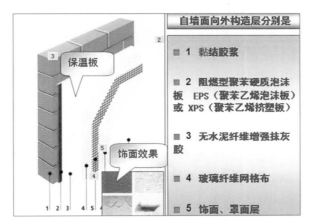

图 4-4

上海静安区胶州路某公寓大楼特别重大火灾事故血的教训告诉我们,工程设施按功能用途对材料提出的标准要求必须达到,不能含糊,以次充好,保温板达不到国家标准耐火等级要求,留下后患,遇到"风吹草动",就会酿成大祸。图 4-5 示意外墙外保温工程中的保温板必须符合国际耐火等级要求。

2010 年 6 月 23 日开业的新加坡滨海湾金沙酒店空中室外游泳池,建在 55 层高的塔楼顶层,高度为 650 ft(198 m),是这一高度下世界上最大的室外泳池(见图 4-6)。同学们可以思考一下,该酒店屋顶所选材料除满足结构强度要求外,还要考虑哪些功能要求?

4.1.3　工程材料的基本性质

工程材料要用于土木工程设施结构、饰面、保温、填充等各个方面,以满足建筑物或构筑物的实用性、功能性、耐久性和美观性的需要,因此材料的性质与质量在很大程度上决定了工程的性能与质量。在工程实践中,选择、使用、分析和评价材料,通常是以其性质为基本依据的。根据工程使用目的,为便于选择材料,了解材料基本性质是工程技术人员的基本技能。材料基本性质分为物理性质、力学性质和耐久性质。

图 4-5

图 4-6

（1）物理性质

所谓物理性质是指材料无须经过化学变化或化学反应就表现出来的状况,其状态大多数可以用肉眼观察到,有的可用仪器测定到。如材料的轻重、干湿、松密、软硬等状态以及与水作用的亲水性、吸水性、抗冻性,还有导热性、导电性等,对各类工程设施实现其功能要求都有直接关系。如承重体系可选择材质重的、硬的、密实的材料,保温隔热材料可选择材质轻的、松的、干的材料。当然这是初步定性分析,还要学会如何定量判断材料物理性质及其各种物理性质指标。

（2）力学性质

所谓力学性质是指材料制作的构件、制品在工程设施施工和运营中,抵抗外界自然力、人为作用力破坏的能力,表现为强度、塑性、韧性等力学性质指标。材料的力学性质指标很重要,它直接关系到工程安全、可靠,涉及民生。2018 年 1 月 3 日,合肥下了一场大雪,多处公交车站的顶棚因积雪过厚,失去承载能力而坍塌,造成候车乘客 28 人受伤,1 人遇难（见图4-7）。2015 年 6 月 9 日,贵州省遵义市某社区一栋 9 层居民楼发生局部垮塌,造成 4 人死亡,3 人受伤（见图4-8）。以上两起事故发生的原因、背景不同,但有可能和所选材料力学性质强度指标有关。在后续专业基础课《材料力学》等有关课程中,同学们要带着这些问

2018年1月3日一场大雪,合肥多处公交车站顶棚顶不住雪的压力坍塌,造成候车乘客1人死亡,28人受伤

图 4-7

2015年6月9日,贵州省遵义市某居民楼局部垮塌造成4人遇难,3人受伤

图 4-8

题，进一步把材料的力学性质等基本指标及测定方法学好，否则，就算出去设计、施工一个公交车站这样简单的工程恐怕都做不好。

(3) 耐久性质

所有工程设施产品在营造和使用过程中，都要受到工程环境等自然作用力的影响，如天气变化、雨水、江河海水中容易引起材料腐蚀的有害成分等，久而久之，材料因风化、老化被腐蚀，耐久性越来越差，最终丧失其工程性能。

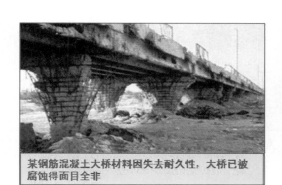

某钢筋混凝土大桥材料因失去耐久性，大桥已被腐蚀得面目全非

图 4-9

某钢筋混凝土大桥建桥没有多久，因环境污染严重，桥面和桥墩已出现病害，混凝土碳化，质地松软多孔，钢筋裸露锈蚀

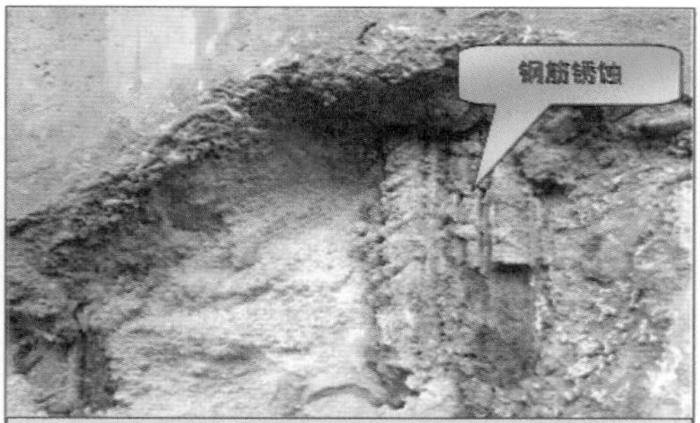

图 4-10

图 4-9、图 4-10 中显示某钢筋混凝土大桥，桥面和桥墩因混凝土和钢筋被腐蚀得面目全非，大桥功能完全丧失。材料的耐久性质主要表现在材料的抗氧化能力、抗风化能力、抗冻能力、抗虫蛀能力、抗变质能力和抗腐蚀能力等方面。

材料的基本性质除了上述物理性质、力学性质和耐久性质以外，还有防火、耐火等特殊性质。土木工程技术人员的职责就是根据工程设施具体要求，根据上述性质有针对性地选择工程材料，其目的就是要在保证满足技术性能指标和按计划提供的前提下，做到优化成本。材料选择时根据工程目的选择，这是首先要考虑的因素，其次是可达性(是否可以得到)和经济性等，主要考虑这三个基本因素，列出工程要求的技术指标，确定材料来源、规格品种、加工方式、成本及材料表。

4.1.4 土木工程材料分类

(1) 按材料自身组织分类可分为两大类，一类是非金属材料，另一类是金属材料(见表 4-1)。

(2) 按材料在工程设施部位起的作用和功能分(见图 4-11)

① 承重材料。承受各种作用力即荷载的材料，如钢材、混凝土、木材、砖石等。

② 围护材料。保持空间和通道使用功能的材料，如黏土砖瓦、轻质混凝土、沥青防水材料等。

③ 装饰材料。创造优美和舒适环境的材料，如玻璃、油漆、墙面地面装饰材料。

④ 胶结材料。如水泥、石灰、石膏等。

表 4-1　材料按自身组织分类

非金属材料	无机材料	天然石材(砂、石) 陶质材料(砖、瓦、陶瓷等) 胶结材料(石膏、石灰、水泥、水玻璃等) 混凝土、砂浆 未焙烧人造石材(硅酸盐和水泥制品) 隔热材料(无机纤维) 玻璃及其制品
	有机材料	木材、竹材 胶结材料(沥青) 隔热材料(有机纤维) 油漆、塑料
金属材料	黑色金属	生铁、铸铁 碳钢、合金钢
	有色金属	铝、铜、铅、锌等

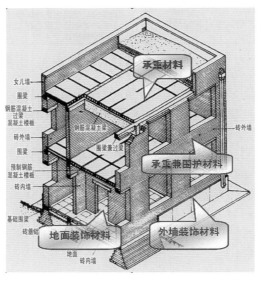

图 4-11

（3）按材料在工程设施中的用途分

① 结构材料。如石材、木材、钢材、混凝土、砖、墙板等,主要用于工程的承重结构体系中。

② 绝缘材料。如沥青、橡胶、岩棉、轻混凝土,用于工程防水、隔湿、隔声、隔热、防腐等。

③ 装饰材料。如涂料、油漆、金属板、玻璃等,用于外表装饰(见图 4-12)。

④ 防火耐火材料。如石棉、各类耐火涂料、外墙外保温构造,用于阻燃、不燃、提高材料耐火度。

4.1.5　四大宗工程材料简介及应用

21 世纪,为满足人民日益增长的美好生活需要,为开拓更大的生产和生活空间,土木工

图 4-12

程建设逐渐向高空和地下发展,为适应现代土木工程的这种发展趋势,工程材料也在不断革新,不断进步。

目前新型高性能、轻质、高强度的多功能材料、复合材料、绿色环保材料等不断涌现,品种繁多,成为现代土木工程发展强大的物质基础。现代新型工程材料是在传统工程材料基础上研制发展起来的。21世纪工程材料用量最大,应用范围最广的材料还是传统的钢材、混凝土、木材、砌体这四大宗材料,初学者应先掌握这四种常见的工程材料的基本性能和基本应用,再在后续课程和今后工程实践中进行拓展。

1　钢材(Rolled Steel)及其应用

土木工程各类工程设施使用的钢材主要有两类,即低碳钢和低合金钢。低碳钢的成分主要是铁(Fe,约占99%)和少量碳(C),低碳钢通常碳含量不超过0.22%。若含有少量锰(Mn)、硅(Si)、钒(V)等元素则称为普通低合金结构钢,加入这些合金元素,可显著提高钢的强度、耐腐蚀性、耐磨性等工程性质。

工程实践中常见的四种类型钢材(见图4-13)有:型钢(角钢、槽钢、工字钢、H型钢,命名主要是根据钢材的横剖面形状)、板材(钢板、压型钢板)、管材(无缝钢管等)和线材(钢筋、钢丝、钢绞线)。这四种类型钢材,在工程中得到广泛应用(见图4-14)。

钢材的优点是强度高。为适应现代土木工程发展要求,钢材朝着高强度方向不断发展。日本、美国、俄罗斯等国家已经把钢材屈服点(判断钢材强度的指标)在700 N/mm²(700 MPa)以上的钢材列入了技术规范。钢材不仅强度高,而且塑性、冲击韧性好,有利抗震,同时钢构件与混凝土构件相比更加轻便,便于加工安装。

钢材的缺点是耐火性差、易锈蚀、维护费用较高。钢材广泛应用于土木工程各类工程设施如高层建筑、挡水结构、基础工程等。

图 4-13

图 4-14

2 混凝土(Concrete)及其应用

混凝土即砼,就是人造的石头,是人工石。混凝土由水泥、水、粗骨料石子、细骨料四种组分构成,根据设计要求按一定比例配合,经搅拌、养护成型,达到人们预期的设计强度。混凝土在没产生强度之前,其物理状态是流动状态(见图 4-15)。

人们正是利用混凝土这种"可模性"好的特点,将其浇筑到配有钢筋的各种类型的模具中,充分振捣填实,经过养护,让其中组分发生水化反应产生强度,形成各种类型钢筋混凝土结构(不含钢筋的称为素混凝土结构)。20 世纪 50 年代建成的意大

图 4-15

图 4-16

利罗马小体育宫,是一个建筑设计、结构设计和施工技术巧妙结合的优秀艺术品,其以优美的球顶天花著称于世。球顶由 1 620 块用钢丝网水泥混凝土预制的菱形槽板构件拼装而成,这优美的屋顶图案就是利用混凝土"可模性"好的性质营造的(见图 4-16)。

20 世纪 70 年代建成的澳大利亚悉尼歌剧院,被称为"混凝土的艺术"。远远看去屋顶就像迎风鼓起的白帆一样别出心裁,既像一艘乘风破浪的大帆船,又如一簇巨大的百合花,向着阳光盛开。屋顶共分为三组,如一只只轻巧的贝壳架设在一个大平台上。贝壳形尖屋顶,是由 2 194 块每块重 15.3 t 的弯曲形混凝土预制件,用钢缆拉紧拼成的(见图 4-17)。

混凝土是由水泥、水、石子、砂子四种材料按一定配合比做成的,这四种材料随处可见,属于地方性材料,用于工程既经济又实惠。如果将混凝土材料与其他材料如钢材料复合使用,两种材料各自发挥其优势,既可大幅度提高工程设施的承载能力,又可充分发挥混凝土可模性好、耐火性好的特点,建设出既安全可靠又很优美的工程。

图 4-17

图 4-18

2012 年 4 月 22 日,四川雅安干海子特大桥就是采用混凝土与钢两种材料复合建成的。大桥外形酷似"过山车",让人震撼。该桥是世界最长的全钢管混凝土桁架梁桥,其中主梁和桥墩主要承重构件是钢管混凝土材料,腹杆、斜杆用的材料是钢管(见图 4-18)。这座位于雅西高速石棉段的大桥,全长 1 811 m,桥宽 24.5 m,共 36 跨,运行 10 km 爬高近 300 m。

图 4-19

混凝土材料在工程中常作为承重材料,其工程质量采用强度指标来判断。强度指标分为 14 个强度等级,即从 C_{15}、C_{20}、C_{25}、…到 C_{80},这里的 C,是混凝土英文 concrete 的缩写,右下角数字反映混凝土承受的抗压极限能力,其量纲是 MPa(兆帕),其物理意义是 1 mm^2 承受 1 N 的压力,如 C_{25} 的意思就是要求混凝土的抗压强度达到 25 个兆帕。数字越大,反映抗压强度级别要求越高,当然制作成本也就越高,工程中一般常用 $C_{20} \sim C_{40}$,在高层建筑里也常用到 C_{50} 及以上的高强混凝土。图 4-19 示意混凝土强度指标在实验室的测定方法。混凝土的强度等级是取其样本,在实验室用边长为 150 mm 的立方体标准模具,在标准养护[温度(20±3)℃、相对湿度在 95% 以上]条件下,养护至 28 天龄期,用标准试验方法做试块的破坏实验测得的。应当注意的是,选择混凝土强度等级要根据工程设施的等级要求和混凝土材料制作的构件和制品的具体受力情况而定,受力大的部位选择强度等级级别高的,反之选择低的,既要考虑工程安全可靠,还要考虑工程造价、经济成本。

图 4-20

图 4-21

混凝土作为土木工程中最常用的材料,优点是成本低、可模性好、耐久耐火性好、抗压强度较高;缺点是混凝土抗拉强度低,一般为抗压强度的十分之一,所以容易产生裂缝;另外,混凝土自重大,工序复杂,需要一定的工期养护等。图 4-20、图 4-21 示意混凝土材料在施工现场的应用。

3 木材(Wood)及其应用

木材作为传统土木工程材料,建房架桥,历史悠久。早在七千年前,人类祖先为了防御猛兽,就在湖泊和沼泽地里栽木桩筑平台,修建居住点(见图4-22)。

图 4-22 ｜ 图 4-23

据记载,在我国汉朝时,人们已用木料建桥,宋朝人用木料建房做桩基(古代称木桩为地丁,由圆木或方木制成),技术趋向成熟,如山西太原晋祠圣母殿(见图4-23)、上海龙华塔反映了那个时代桩工技术营造水平。

20世纪30年代由桥梁专家茅以升主持修建的钱塘江大桥就用过木桩(见图4-24)。大桥全长1 453 m,其中正桥长1 072 m,由16跨65.84 m的简支铆接钢桁架梁组成。正桥桥墩全部采用沉箱基础,其中6个沉箱直接沉落在岩层上,9个沉箱各坐落在160根长27～30 m不等并打至岩层的木桩群顶上,以支承桥梁重量。木桩在水下为什么不会腐烂?两千多年前,我们的祖先就有这样的经验,木桩一般选用松木,松木含有丰富的松脂,在水中浸泡的时间越长越牢固。因此也有"水浸万年松"之说。

木结构在我国民间广为流传,特别是在少数民族地区。2016年1月19日,贵州省从江县某苗族村民建房,全村出动一边造房,一边吆喝喊号,建房场面壮观,众多村民爬上屋梁犹如"蜘蛛侠"(见图4-25)。可见木材在工程中应用不仅有历史底蕴,到了现代作为工程材料也有很大的发展空间。而木材作为国家重要资源,可以从源头上做到可持续发展。

图 4-24 ｜ 图 4-25

在土木工程中木材主要取自树木,常用树种是松树、杉树等,与木材应用有关的知识点有以下几点:

(1) 木材的分类

工程中常用木材按加工横截面形状可分为原木(除去树皮、树枝、树梢的树干,一般直径在 120 mm 以上)、方木(横截面宽厚比小于 3,一般为方形、矩形)、条木(宽厚比不超过 2)和板材(宽厚比大于等于 3)这四种类型(见图 4-26)。

我国森林资源匮乏,加工木材要特别关注木材的综合利用,把加工木材的废角边料充分利用起来,加胶黏剂制成人造板和胶合木,这是木材应用提升的空间和发展方向。所谓木质人造板,是以木材、木质纤维、木质碎料或其他植物纤维为原料,用机械方法将其分解成不同的单元,经干燥、施胶、铺装、预压、热

图 4-26

压、锯边、砂光等一系列工序加工而成的板材(见图 4-27)。木质人造板的主要品种有纤维板和刨花板,是室内装饰和家具中使用最多的材料之一。木质人造板比天然木材的尺寸稳定性好,广泛用于建筑、车船、家具、包装等方面。

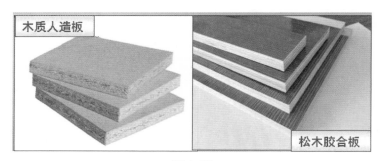

图 4-27

(2) 木材的力学性质

了解木材的力学性质,要特别注意木材是典型的有机各向异性的材料(见图 4-28)。木材在生长过程中形成的纹理,其顺纹和横纹方向由于质地不均匀,各方向的强度是不一致的。木材沿树干方向(习惯叫顺纹)之强度较垂直树干之横向(横纹)大得多。这可从木材的生成机理找到原因。木材的微观构造显示,木材树干方向是由无数管形细胞的排列连接的,木纤维纵向管形细胞连接最强,故顺纹抗拉强度最高;顺纹方向受压时,每个细胞就好像一根管柱,压力大到

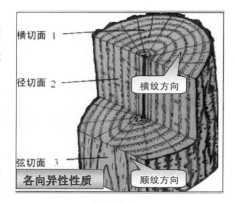

图 4-28

一定程度细胞壁向内翘曲然后破坏,故顺纹抗压强度比顺纹抗拉强度要小一些。横纹受压,管形细胞容易被压扁,所以强度仅为顺纹抗压强度之1/8左右。了解木材这一特性对于在工程设施中,如何沿着承重结构的受力方向选择木材、合理使用木材是有好处的。

（3）木材评价及发展前景

木材作为工程材料具有重量轻、强度高、美观、加工性能好等特点,因此自古以来就颇受人们偏爱。木结构具有良好的耐久性,目前,现代木结构住宅建筑在世界许多国家已很普遍(见图4-29)。

图 4-29

过去几十年,由于我国林业资源的匮乏和木材的短缺,工程应用受到严格限制,提倡以钢代木,以塑代木,因此,木结构房屋被排除在主流建筑之外。然而当前,随着我国经济的发展和人们生活水平的提高,人们对木结构居室环境的要求越来越高,具有优良性能的木结构房屋越来越引起人们的重视。特别在一些大城市,由于国外技术的引进和开发商的参与,大量外国机构工作人员进入中国,他们对木结构房屋的需求也刺激了木结构住宅建设的发展。目前出现了外国企业争先开发中国木结构房屋市场的现象,木结构房屋的建设成为21世纪房屋建筑发展新热点。至于木材供不应求,现在已有不少中资企业在国外生产加工木材,另外也在积极寻求木材的高效利用,杜绝浪费,提高木材综合利用率,国内市场还有很大的提升空间。

4 砌体(Masonry)及其应用

砌体与砌体结构两者关系密切,但不是一个概念,初学者容易混淆。

这里讲的砌体是复合材料,即由石材、砖块、混凝土与炉渣、矿渣、粉煤灰等工业废料做成的块材,与水泥砂浆或石灰砂浆叠合黏结而成的材料(见图4-30)。砌体结构是由上述砌体材料或砌块建成的工程结构,有实用功能要求。

图 4-30

砌体材料有三大类,即石砌体、砖(实心、空心)砌体和混凝土块砌体(见图4-31)。砖和砌块通常是按块体的高度尺寸划分的,块体高度小于 180 mm 者称为砖,大于 180 mm 者称为砌块。

图 4-31

在砌体块材中,普通实心烧结砖在我国过去应用量大面广,历史悠久,素有"秦砖汉瓦"之称,然而传统的小块黏土砖因其耗能大、毁田多、破坏生态、运输量大的缺点越来越不适应可持续发展和环境保护的要求。国家在 2005 年正式推行禁止使用实心黏土砖的政策,以开发推广新型墙体材料为手段,进而达到推进建筑节能的目标,明确要求所有城市城区禁止使用实心黏土砖。

图 4-32

砌体块材今后的发展趋势是用新型环保的砌体材料替代传统的砌体材料,主要通过以下三个途径实现:

(1)充分利用工业废料和地方性材料(见图 4-32)。例如,用粉煤灰、炉渣、矿渣等垃圾或工业废料制砖或者板材,变废为宝。

(2)发展高强、轻质的空心块体,使墙体自重减轻,生产效率提高,保温性能良好,且受力更加合理,抗震性能也得到提高。发展高强度、高黏结胶合力的砂浆,能有效地提高砌体的强度和抗震性能。

(3)采用新技术、新的结构体系和新的设计理论(见图 4-33)。配筋砌体有良好的抗震性能。采用工业化生产、机械化施工的板材和大型砌块等可以减轻劳动强度、加快施工

图 4-33

进度。

　　建筑是时代的橱窗,构成建筑基本物质要素的建筑材料,也就按着时代的脉搏显现自身价值。随着科学技术的进步和经济社会的发展,工程材料从最早的土坯发展到现在充满技术含量、门类繁多、具有时代价值感的绿色环保新型工程材料,品种繁多,令人眼花缭乱。现代新型材料五花八门,都很重要,初学者应从何处入手呢?

　　学习千头万绪,要善于总结,学会思考,抓基本点,抓住现代新型工程材料是在传统的工程材料砌体、木材、钢材、混凝土等的基础上传承、创新、发展起来的这条线索。因此把这四种工程材料的发展简况、基本性质、应用特点及今后的发展方向等基础知识及相关基本概念学好是非常重要的。

4.1.6　工程材料在市政工程中的应用

　　随着城市基础设施和"一带一路"沿途国家基础设施建设的大规模开展,无论是城市地下管廊工程建设(见图 4-34),还是城市市政管网改造工程,建设力度在不断加大,工程项目有不少建设内容往往涉及管道工程设计、管道材料选择以及管道工程造价、施工组织等。

图 4-34

土建类大学生不仅要了解钢材、混凝土、砌体、木材在房建、交通运输工程中的应用,还要把材料应用以及把土木工程专业基本技能拓展到市政工程管道工程上。

市政工程给排水管道工程是输送和分配工业给水和生活饮用水及收集、输送和排放工业废水、生活污水和雨水的管(渠)道系统工程。

图 4-35

管道工程在城市整个给排水系统中起着重要作用,它包括管(渠)道系统本身及管(渠)道系统上的各种构筑物工程(如泵站、蓄水池、闸门井、污水检查井、雨水口等,见图 4-35、4-36),其工程投资占给排水系统工程总投资的大部分。输水管网与电网、天然气管网涉及民生,都是城市的生命线工程。为配合管道系统设计,要了解管道系统布置从起点到终点线路选择定位。

给排水管道工程与土木工程勘察设计、城市规划、土木工程施工、安装等学科密切相关,管道选材与给水系统、排水系统的具体功能有关要求见表 4-2。

和管道工程配套有一系列构筑物,如泵站、蓄水池、闸门井、污水检查井、雨水口等,图中是污水检查井,用砌体材料混凝土砌块砌筑

图 4-36

表 4-2　给排水系统工程对管道材料的基本要求

分　类	给水管道	排水管道
管道对材料的要求	1. 管道能承受内压和外荷载强度 2. 管道耐腐蚀 3. 管道运输、施工和安装简便 4. 管道内壁光滑 5. 使用年限长、价格低廉	1. 具有足够的强度,能承受内压和外荷载强度 2. 具有抵抗污水中固体杂质的冲刷和磨损的性能 3. 应具有抗腐蚀性能 4. 内壁光滑不透水 5. 就地取材

给排水管道工程系统管道材料选择的种类有以下几种:

(1) 金属管道

金属管材力学性能较好,可耐较高压,与砼管材比较,其管材韧性较好。缺点是造价成本高、易腐蚀(见图 4-37)。金属管材在铺设时要做好管道保护防锈蚀措施。

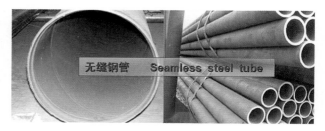

图 4-37

金属管材包括钢管和铸铁管两种。钢管特点:耐高压、耐振动、重量轻、易加工,但刚度小,易变形,易腐蚀。铸铁管是给水管道系统中使用最多的一种管材。铸铁管中,球墨铸铁管(铸铁钢管)有很好的应用价值。它具有铁的本质,钢的性能,特点是管壁薄、轻质、耐压、耐冲击、耐腐蚀、耐抗震等耐久性好,比钢材便宜,是给水系统管道不错的选择(见图4-38、图4-39)。

图 4-38

图 4-39

世界上最有名的一条球墨铸铁管道是 1668 年巴黎郊区从塞纳河至凡尔赛全程约 21.14 km 的输水管线,至今 300 多年了,除部分管道和接头维修更换外,主体管道还在使用。

图 4-40

(2)混凝土管道

混凝土管道属于水泥制品的一种,是指利用混凝土或者钢筋混凝土制作的管材(见图4-40)。混凝土管与钢管比较,可以大量节省钢材,延长使用寿命,且建厂投资少,铺设安装方便,已在工厂、矿山、油田、港口、城市基础设施建设和农田水利工程建设中得到广泛应用。缺点是现浇质量容易产生缺陷造成管道破漏,以及施工制作较复杂。

(3)塑料管道

塑料管材作为化学建材的重要组成部分,以其优越的性能,在环保、低耗等方面优点突出,为用户所广泛接受,主要有硬质聚氯乙烯(UPVC)排水管/给水管、铝塑复合管、聚乙烯（PE）给水管、聚丙烯（PPR）热水管,其缺点是拉伸强度和韧性较差、抗冲击较差、软化温度低不耐热。应用范围较广的有硬质聚氯乙烯（Unplasticized Polyvinyl Chloride,缩写为 UPVC）和高密度聚乙烯管（High Density Polyethylene,缩写为 HDPE）（见图 4-41）。

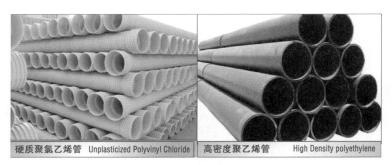

| 硬质聚氯乙烯管 Unplasticized Polyvinyl Chloride | 高密度聚乙烯管 High Density polyethylene |

图 4-41

塑料管具有重量轻、耐腐蚀、水流阻力小、节约能源、安装简便迅速、造价较低等显著优势,受到了管道工程界的青睐（见图 4-42）。

（4）玻璃钢管道（Glass Reinforced Plastic Pipe,缩写为 GRP）

玻璃钢管道是以树脂为基体材料,玻璃纤维及其制品为增强材料,石英砂为填充材料而制成的新型复合材料（见图 4-43）。因成分有玻璃纤维（fiber）,所以玻璃钢管道也可简称 GFRP。玻璃钢管道是轻质、高强、耐腐蚀性、非金属材料,其优点还有输送流量大、安装方便、工期短和综合投资低等,是适用于排水工程及管线工程采用的新品种,有很好的发展前景。

武汉巡司河综合治污工程排污管道选用的是 PE 管,管长 9 m,内径 800 mm,管壁约 40 mm,图示工人师傅冒着酷暑在接管

图 4-42

玻璃钢管（GRP）,属于塑料管升级版新品种

图 4-43

（5）复合材料管材

复合管材是指以金属与热塑性塑料复合结构为基础的管材（见图 4-44）,内衬塑聚丙烯、聚乙烯,或外焊接交联聚乙烯等非金属材料成型,具有金属管材和非金属管材的优点。一般有铝塑复合管、钢塑复合管、铝合金衬塑管材、涂塑管材。其优点是耐温耐压,管道强度及韧性均优于塑料管材,其缺点是两种材料的线膨胀系数不同容易导致管材材料伸长度

不一致而出现分层现象。常见的复合材料管材有塑钢管等,这种管材充分发挥了钢材与塑料各自的优点,节能环保,有很好的发展空间。

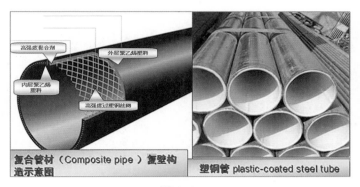

图 4-44

以上是土建类所有专业大学生在大一的学习中对管道工程材料应具备的认知,是市政工程管道系统设计、组织施工的基础知识。管道系统设计内容包括管道系统布置和定线、设计流量计算、管道直径及选材、计算管道中水头损失、求二级泵站扬程(及水塔高度)、水量调节构筑物(清水池、水塔或水库)容积计算等,这些内容土建类相关专业如给排水科学与工程、环境工程等在后续的专业基础课和专业课上还要深入学习。

4.2　土建类力学基础知识

这一节主要学习土建类力学基本知识,为后续学习理论力学、材料力学、结构力学等奠定基础。围绕土建类力学基本知识主要学习三组基本概念:力、力矩、平衡;外力、反力、内力;荷载和间接作用。

4.2.1　力、力矩、平衡

(1) 力(Force)

力是物体间的相互作用,其效果可使物体的运动状态或形状改变。力的英文是 force,常用英文符号 F 表示。力是矢量,单位是牛顿(N),力的大小、方向、作用点是构成力的三要素。如图 4-45,以工人师傅站在脚手架上刷墙为例,工人和工具的自重给脚手架施加一个竖直向下指向地球中心的作用力,工人连同工具自重约为 600 N,作用点的位置是 A 点,右侧图形是左边工人实际操作图形的简化。对于力作用于物体的实际图,抓住其主要矛盾进行抽象简化,将其转化成实际物体的受力模型,对模型进行受力分析,是学习力学必须掌握的基本点。

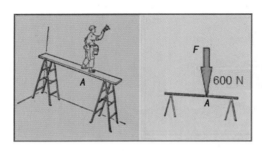

图 4-45

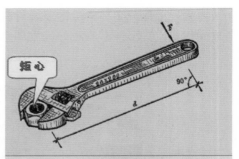

图 4-46

（2）力矩（Moment）

力矩是指作用力使物体绕着转动轴或支点产生转动效应，既可顺时针转动，也可逆时针转动。力矩等于作用力乘以力臂，力臂是指作用力方向到矩心的垂直距离，常用符号 d 表示，d 是英文 distance（距离）的缩写，力矩单位是牛顿·米（N·m）。以日常生活扳手拧螺丝为例，通过扳手手臂端施加作用力 F，对螺丝（矩心）产生转动效应力矩，力矩大小是 F 与力臂 d 的乘积（见图 4-46）。

根据图 4-47 所示条件，请思考作用力 F_1、F_2 对矩心 A 点、O 点的矩分别是多少。

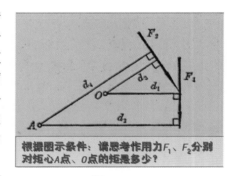

图 4-47

（3）平衡（Equilibrium）

平衡是指物体在各种力作用下，仍保持静止状态，既不产生位移也不产生转动。土木工程各类工程设施在建造和使用过程中，为保证安全可靠，在各种力作用下必须要保持平衡状态、静止状态。如图 4-48，以美国动态雕塑家亚历山大·考尔德的雕塑装置为例，说明保持和满足平衡的基本条件。

图 4-48

亚历山大·考尔德（Alexander Calder，1898—1976）是美国著名雕塑家、艺术家，动态雕塑（mobiles）的发明者。考尔德是学机械的，他打破传统雕塑的设计思路，把机械设计原理与雕塑艺术创作结合在一起,在空间中善于借助各种力,如空气的流动、水力以及机械动力等产生形体上的变化或者空间中的位移,并使作品达到平衡状态,给人带来新奇而又富有生命力的视觉享受。

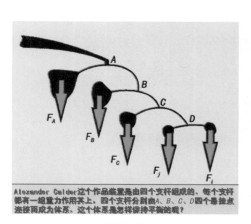

图 4-49

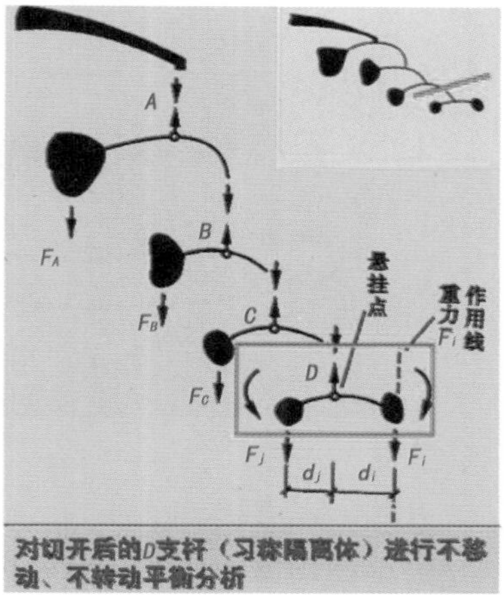

图 4-50

如图 4-49 所示的装置,是由四个支杆组成的。每个支杆都有一组重力作用其上,四个支杆分别由 A、B、C、D 四个悬挂点连接而成为体系,这个体系是怎样保持平衡的呢?

为分析起见,不妨在 C 支杆和 D 支杆连接处切开,切开后,为保证 D 支杆不落地,悬挂点 D 处要施加向上的举力,其值至少等于 F_i 和 F_j 之和;同时为保证 D 支杆不转动,F_i、F_j 对悬挂点产生的顺时针和逆时针力矩必须相等。以此类推,由下向上,整个装置要保证平衡,必须满足两个基本条件:第一,向上的举力必须等于各支杆向下的重力,这样装置才能处于静止状态,不移动,即 $\sum F = 0$;第二,动塑装置不转动的条件,即所有支杆转动效应为 0,顺时针力矩之和与逆时针力矩之和相互抵消,即 $\sum M = 0$(见图 4-50)。

4.2.2　外力、反力、内力

(1) 外力(External Force)

外力是指一物体所受到的其他物体对它的作用。

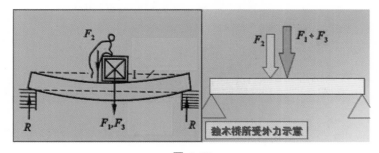

图 4-51

以图 4-51 所示独木桥受力状态为例。当人将重物放在独木桥跨中处的轴线上时,人体、重物的重力和木桥的自重就是独木桥所受到的外力。F_1 是独木桥自重,作用在跨中处,

F_2 是人的自重，F_3 是重物的重力，这三个力就是独木桥所受到的外力。

（2）反力（Reaction Force，通常用英文字母 R 表示）

根据牛顿第三定律，即作用与反作用定律，有作用力就必有反作用力，两者大小相等方向相反。如图 4-52 所示，桥身两端固定处承受的即是桥支座给桥的反力。

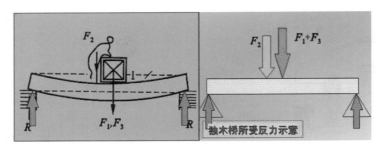

图 4-52

（3）内力（Internal Force）

内力是外力使物体变形中其内部各质点抵抗这种变形的相互作用力。

内力这个概念很重要，因为内力计算熟练程度直接关系到后续专业课结构设计、工程截面尺寸选择以及混凝土、钢筋等工程材料用量的计算。这个定义告诉我们，内力是因外力作用而引起的，它的产生是物体在外力作用下引起变形，内部材料各质点抵抗这种变形产生的相互作用力。还是以独木桥为例（见图 4-53），桥在上述三个外力 F_1、F_2、F_3 作用下弯曲下垂，图中虚线示意桥的初始位置，实线示意变形位置，1-1 剖面显示桥的横断面，下半部分示意材料在内力（拉力）作用下拉伸，上半部分示意材料在内力（压力）作用下压缩。回忆一下钢筋和混凝土材料力学性能特点，请思考工程结构为什么要把钢筋配置在结构的受拉区，而不配置在受压区？

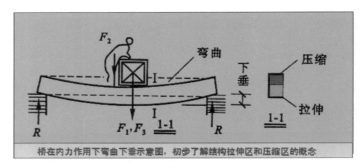

图 4-53

所有土木工程设施结构，无论大小、轻重、厚薄，都处在外力、反力、内力作用下的平衡状态（见图 4-54）。砖混结构整个房屋重量通过板、梁、墙体、基础传递给地基。地基产生反力通过基础作用于房屋。

构成房屋的全部构件、部件、杆件在结构不同部位在外力作用下，有的受拉、有的受压、有的受剪、有的受弯、有的受扭，产生五种不同种类的内力特征，如图 4-55 所示。

产生拉伸变形的是拉力（Tension Force），一般用 $+N$ 表示；产生压缩变形的是压力（Compression Force），一般用 $-N$ 表示，拉力、压力通常也称为轴力；产生弯曲变形的弯矩

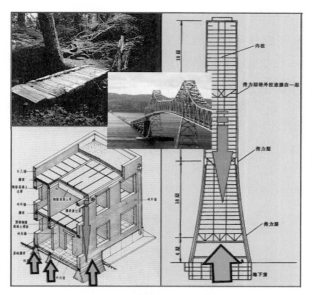

图 4-54

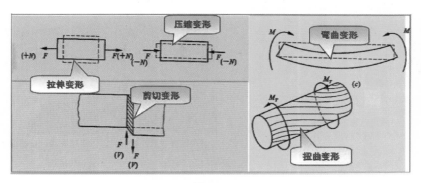

图 4-55

(Moment Force)，一般用 M 表示；产生剪切变形的是剪力(Shear Force)，一般用 V 表示；产生扭曲变形的是扭矩(Torsion)，一般用 M_T 表示。土木工程结构就是通过上述五种内力的基本作用，将施加在结构上的外力传递给地基，地基对结构的作用则是基础的反作用力。内力计算与结构构件的强度、刚度、稳定性密切相关，在结构设计与施工中非常重要，后续相关工程力学课程中还要进一步学习。

4.2.3 荷载有关基本概念

1 荷载的定义

荷载(Load)是直接施加在土木工程结构上的外力。从这个意义上来说，荷载就是直接作用于工程结构上的外力(也称直接作用)。定义说明荷载和外力是有关系的，但还是有所区别的。外力是物体间相互作用，是广义的；荷载是具体的，是直接施加于工程结构的外力。由于荷载的直接作用，结构和构件会产生各种内力与变形。土木工程师的一个重要任务就是确定工程设施在各类使用环境下有多少荷载作用在工程设施上，考虑极端不利情况下,如何抵御自然界和人为作用力,保障建造的空间、通道等工程设施安全可靠,造福人类。

2 荷载的分类(按荷载作用结构时间长短分)

(1) 永久荷载(Dead load,也称静负荷)

指在使用期间永久施加在结构上,其值不随时间变化的荷载,也称恒载。因为恒载在整个使用期内总是持续地施加在结构上,所以设计结构时,必须考虑它的长期效应。

例如房屋是由基础、墙(柱)、梁、板等基本构件这样一些较重的结构构件组成。它们首先要承受自身重量,这就是恒载。除此之外,地面、屋面、顶棚、墙面上的抹灰层和门窗都是恒载。恒载一般可由构件几何尺寸求出体积,再乘以构件的重力密度得到(见图4-56)。在建筑物中,恒载一般约占总荷载的50%~70%。

图中箭头所指柱子的自重等于柱子体积乘以柱子材料的重力密度,柱子重力等于$W = V\gamma$

图 4-56

使用可变（活）荷载类型：屋顶泳池、立面森林、楼面家具

图 4-57

(2) 可变荷载(Variable load,也称活载荷)

指工程设施使用期间施加在结构上的外力值随时间变化而变化的荷载,常见类型有四种,即使用活载、移动式活载、风载和雪载。

① 使用活载（The use of live load）

包括楼面荷载(人群、家具、可移动设备、操作的工件等)、屋面活载(上人屋面的人群、屋面积灰、屋顶机坪、屋顶花园、空中泳池等)、室内装修家具,以及现代建筑沿着立面布置的绿色森林等(见图4-57、图4-58)。这些荷载都是房屋建筑在使用过程中,除了房屋自重(恒载)以外对结构施加的活荷载,对结构的影响不容小视。

使用可变（活）荷载类型：屋顶花园、屋顶机坪

图 4-58

② 移动式活载（Mobile live load）。

主要是铁路列车和公路车辆运行中对路面、桥面直接施加的作用（见图4-59）。工业厂房中的起重吊车（天车）运行中对厂房结构的作用也是移动式活载（见图4-60）。

车辆运行对桥梁结构、路面的作用是移动式荷载

图 4-59

工业厂房中的起重吊车（天车）运行中对厂房结构的作用是移动式活载

图 4-60

③ 风载（Wind load）

风是由大气压力不等引起的空气运动。风对结构的作用是指风遇到建筑物时,在建筑物表面上产生的一种压力或吸力。风荷载与一般荷载有三个不一样:不同地区不一样,沿海风作用大,内陆小;同一地区每时每刻都不一样;不同高程、不同部位作用不一样（50 m比5 m高程处的风载约大1.5倍）。风荷载瞬间对工程结构施加的直接作用不可忽视。如图4-61所示,某门式钢结构厂房,钢架在安装过程中在风荷载作用下倒塌了,倒塌的原因需要调查,但有一点是肯定的,外因是风荷载的作用。同学们将来无论是搞设计还是做施工,对于风

大风作用下钢结构厂房在安装过程中倒塌现场

图 4-61

荷载对工程结构的作用绝不可低估。

④ 雪载（Snow load）

指由积雪引起的荷载,因地区不同而异。见图4-62,2018年1月俄罗斯的积雪厚得可怕。我国南方有的城市过去没有雪载,现在气候变化异常,过去结构设计不考虑雪载的城市,如今遇到了极端天气,工程结构在抵御自然力时表现脆弱,容易导致结构坍塌,应当引起重视。2008年1月,南方雪灾给我国造成了巨大的损失,武汉某加油站就被大雪压垮了（见图4-63）。

可变雪荷载对工程结构直接施加的作用不可忽视

图 4-62

这四种活荷载与恒载比较,都是可变荷载,在结构设计中应根据工程设施使用目的,所处地理环境包括风、雪自然力的影响及作用频率,以及地区设计规范处理原则,对这些活荷载的直接作用分类进行统计,为结构设计提供可靠的依据。国家标准《建筑结构荷载规范(修订版)》(以下简称

图 4-63
2008年1月我国南方遇到雪灾,给很多城市造成了巨大损失

《荷载规范》)就是在全球气候变化、反恐以及经济全球化的背景下进行修订的。修订点主要包括增加温度作用和偶然荷载内容,规范涵盖范围由直接作用扩充到间接作用,收集补充了我国最新的风、雪和气温气象数据,更新各城市基本雪压和风压值,填补了建筑结构设计全国基本气温数据空白,以应对灾害性天气对工程结构安全构成的威胁。

(3)偶然荷载(Accidental Load)

指在使用期间不一定出现,一旦出现,其值很大且持续时间很短的荷载,如爆炸荷载、撞击荷载(见图 4-64、4-65)。

偶然荷载类型:爆炸荷载

图 4-64

偶然荷载类型:撞击荷载

图 4-65

以上三类荷载,即永久荷载、可变荷载、偶然荷载都是直接施加在土木工程设施上的外力,这些荷载对工程设施的作用是必须首先考虑的,根据实际情况和《荷载规范》要会识别、会计算、会统计。

3 量纲形式(见图 4-66)

按荷载在结构中作用面积的大小分为:

(1)均布面荷载:量纲为 kN/m^2,即作用在建筑物楼面上的均布载荷。

(2)线荷载:量纲为 kN/m,建筑物原有的楼面或层面上的各种面载荷传到梁上或条形基础上,可简化为单位长度上的分布载荷,称为线荷载。

(3)集中荷载:量纲为 kN,荷载作用的分布面积远小于结构整个受荷的面积,为简化计算,

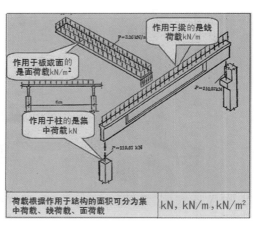

图 4-66

可近似地将荷载看成作用在一点上。例如次梁传给主梁的荷载可近似地看成一个集中荷载，屋架传给柱子的压力、吊车的轮子对吊车梁的压力都可视为集中荷载。

图 4-67

下面结合具体工程结构识别面荷载、线荷载、集中荷载（点荷载），看一看它们是以什么形式作用于结构并进行荷载传递，最后通过基础传递给地基的。有了这样一个基本概念，对于后续课程如何简化工程结构，进行受力分析、内力计算、结构分析、结构设计、理论联系实际是有很大帮助的。

如图 4-67 是传统的钢筋混凝土肋梁楼盖结构。楼板的自重通过面荷载传递给支承在它下面的次梁（小梁），次梁的自重通过线荷载连同楼板传来的重力一起传递给下面支承它们的主梁（大梁），主梁的自重通过线荷载连同次梁传来的重力一起传递给支承它们的立柱，立柱的自重通过集中荷载连同主梁传来的重力通过埋置在地面以下的下部结构基础再传递给地基。

图 4-68 示意另外一种楼盖结构，和上一张图肋梁楼盖结构比较一下有什么不同？看看这张图的柱子，形状与上一张图的柱子有什么不同？楼面荷载是怎样传递给地基的？

通过以上的学习，可以了解到直接施加于土木工程结构的荷载，按作用时间长短可分为永久荷载（恒载）、可变荷载（活载）、偶然荷载；荷载作用于工程结构，按其作用面积大小可分为面荷载、线荷载、集中荷载以及表示方法。学好这些基本概念预备知识，就为后续力学课程和结构设计课程的学习打下了基础。

分析此图楼层面荷载是怎样传递给地基的？柱顶有什么特点？顶棚有什么特点？

图 4-68

下面以两层房屋结构在荷载作用下结构的计算简图绘制为例，深化认识上述基本概念。图 4-69 中，左图为两层低层房屋在荷载作用下的实际图，右图是对左图实际结构的简化，称为结构的计算简图。结构横向尺寸与竖向尺寸按几何位置标注，恒载、活载按其作用特点以面荷载、线荷载、集中荷载绘制。

再看看下面两张图，思考荷载是如何传递的。

图 4-70 是门式钢架屋面，屋面荷载是如何传递给地基的？

图 4-71 房屋的空间没有柱子，楼层结构是如何支承的？楼层面荷载是如何传递给地基的？

4.2.4　间接作用及分类

以上讲的三种类型荷载均是直接施加在土木工程结构上的外力，导致结构产生内力和变形。除此以外，还有三类形式以间接作用导致结构产生变形和内力。这三类间接作用形

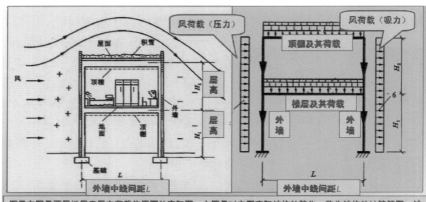

图示左图是两层低层房屋在荷载作用下的实际图，右图是对左图实际结构的简化，称为结构的计算简图。结构横向尺寸与竖向尺寸按几何位置标注，恒载、活载按其作用特点以面荷载、线荷载、集中荷载如图绘制

图 4-69

图 4-70　　　　图 4-71

式分别是：

（1）约束变形作用（Restrained deformation）

约束变形作用中最具代表性的是温差作用（Temperature Differential Action）。土木工程结构构件因昼夜和季节温差，每时每刻都在改变着形状和尺寸，当这种改变受到约束时，就会使结构产生很大内力，这就是温差作用。

如图 4-72 中圆圈处，结构受到温差作用的影响，梁与立柱交接处受到很大的内力作用，在约束变形作用下引起开裂。

特别是纵横比很大的建筑结构（结构轴向方向长度较大），如大跨度桥梁以及现代化高层建筑中，因温差引起的结构内力是很大的，这种由于温差作用引起结构内力产生变化，在设计中必须予以考虑。钢结构在焊接时，由于焊接区温度较高，非焊接区温度较低，由于温差也会产生局部的应变。

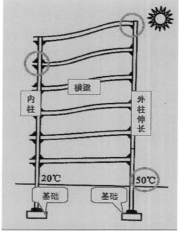

图示多层框架由于温差作用，久而久之结构产生变形，变形由于受到框架梁与框架柱连接点刚接的约束作用，致使结构产生强大内力产生裂缝破坏

图 4-72

（2）外加变形作用（External Deformation Action）

外加变形作用中最具代表性的是地基的不均匀沉降（Foundation of uneven settlement）。万丈高楼平地起，所有土木工程设施的结构均建造在地基（Subgrade）上，而地基是由地层构成的，地层软弱受力后会沉降，如果沉降不均匀，过大的不均匀沉降会引起结构产生很大内力，使建筑物发生倾斜、上部结构开裂，甚至倒塌。

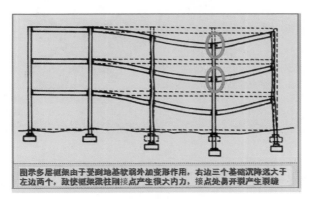

图示多层框架由于受到地基软弱外加变形作用，右边三个基础沉降远大于左边两个，致使框架梁柱刚接点产生很大内力，接点处鼻开裂产生裂缝

图 4-73

如图 4-73 示意多层框架由于受到地基软弱外加变形作用，右边三个基础沉降远大于左边两个，致使结构由虚线位置变形到实线变弯的位置，造成框架梁柱刚结点产生很大内力，梁柱接点（画圈处）开裂，产生裂缝。

地基软弱产生外加变形作用致使建筑物严重倾斜

图 4-74

地基严重塌陷产生外加变形作用致使路基结构功能失效

图 4-75

图 4-74、图 4-75 均是由于外加变形作用造成结构失效。由于结构受到外加变形间接作用，图 4-74 中圆圈处房屋严重倾斜，与楼前房屋接触；图 4-75 中路基外加变形严重，致使路基垮塌，路基结构失效。

（3）惯性作用（Inertia Effect）

惯性作用最具代表性的是地震作用（Earthquake Action）。地震引起的地面运动会使土木工程结构在水平和竖直方向上产生加速度反应。加速度的反应值和工程设施本身质量的乘积就形成了地震施加给结构的力，即地震作用。由于地震致使工程设施破坏的是惯性作用。地震的巨大破坏能量由震源向周围辐射,以地震波的形式传播。地震波的定义及其传播方式的类型如图 4-76 所示。

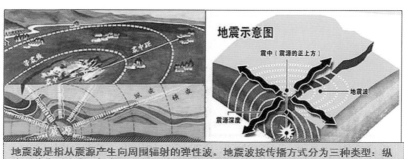

地震波是指从震源产生向周围辐射的弹性波。地震波按传播方式分为三种类型:纵波、横波、面波。其中面波是由纵波与横波在地表相遇后产生的混合波,即L波,L波波长大,振幅强,只能沿地表面传播,是造成建筑物破坏的主要因素

图 4-76

　　地震作用按牛顿第二定律考虑是一种惯性力,它的大小除了和工程设施质量有关,还和工程结构的动力特性(结构的自振周期)、工程结构的质量和刚度有关。地震作用对结构的影响有两个方向,即水平和竖直方向。地震作用以水平方向作用为主,即感知的建筑物水平晃动。一般情况下,水平地震作用对结构起控制作用。地震作用是建筑抗震设计的基本依据,是结构抗震设计能否取得安全与经济完美协调效果的前提。遵照结构抗震动力学和地震工程学的原理,正确、合理地根据震级、地质条件、场地、结构等诸多因素确定建筑的地震作用是结构设计人员面临的重大问题之一,这些内容后续专业课还要深入学习。

地震作用在水平方向产生的惯性力,使建筑物水平晃动,造成建筑物破坏

图 4-77

　　本节主要围绕工程结构产生内力和变形的原因介绍了两个基本概念,一个是荷载(直接施加),一个是作用(间接施加)。了解到荷载有三种类型,间接作用也有三种类型。结构设计首先要对结构进行受力分析,了解了这些基本概念后,再结合工程实际和《荷载规范》,对荷载类型进行统计和计算。

4.3　土建工程结构基础知识

　　这一节主要学习构件与结构。构件是构成土木工程各类工程设施的基本要素,结构是工程设施的骨架,如何根据工程功能要求需要,把各类构件营造成安全可靠、耐久、经济、美观的结构,这是土木工程师的重任。因此不仅需要学好工程材料、力学基本知识,还要了解构件的几何特征以及不同结构类型中荷载的传递路径。

　　同学们进入大学殿堂选择了土建类专业就是想在学校努力学习,想在老师培养下,实现成为土木工程师的理想,做到懂设计、能施工、会管理。

　　如图 4-78、图 4-79 中,一个高层建筑、一个现代化厂房,同学们会不会想象,如果它们是

我设计的,是我在现场组织施工管理营造的,那多有成就感、多有自豪感啊?！可面对复杂的工程,这样的庞然大物,我能行吗？老师相信你,你准行！兴趣是最好的老师,只要你有兴趣,深入思索下去,求知欲就会随之而来。我们不妨把两栋庞然大物解剖一下,让它们原形毕露,看看它是由什么构建的,怎么建造起来的。

现代高层建筑

图 4-78

现代工业厂房

图 4-79

解剖房屋结构是由板(屋面板、楼板、阳台板)、梁、柱、墙(外墙、内墙、隔墙)等基本构件连接而成的

图 4-80

画面是裸露的轻钢厂房骨架,结构是由屋面板、支承屋面板的檩条以及支承它们沿厂房纵向一榀榀门式刚架(相当于大梁)再由纵向排列的柱子支撑,然后柱子把厂房的竖向荷载通过埋置于地面以下的基础再传递给地基

图 4-81

解剖之后不难看出,无论是民用建筑还是工业建筑,它们都是由不同材料做成的基本构件——板、梁、墙、屋架、柱、基础等按一定的几何稳定体系拼接起来的(见图 4-80、4-81)。

其实所有土木工程设施都是按功能要求和使用目的,由一个一个几何形体各异的构件按照荷载传递、建构受力合理的思路连接(施工、营造)起来的,是构件构成了土木工程设施不同类型的骨架(见图 4-82)。这如同我们人体,不管什么人种、大人小孩、男性女性,都是由大大小小形状各异的 206 块骨块连接形成人体骨架,如果连接骨架的零件出了问题,健康就出了问题(驼背、瘫痪等疾病)。同样构件是构成结构(骨架)的基本单元,如果它们的连接出了问题,结构也就会出问题。这也像小时候同学们玩积木块游戏一样,如何把这些不同材料、不同颜色、不同形状的积木块摆成自己喜欢的漂亮的模型?这是父母从小就在培养你们建造高楼大厦的智慧。

土建类高校经常组织大学生进行结构建模大赛,也是在培养大学生的创新能力,学习如何运用材料和力学等专业基础课基本知识,把建模做成既坚固、实用、美观又经济的工程设施结构模型。同学们要积极参与这样的比赛,这是在学校培养工程思维、参与工程实践很好的尝试和锻炼。可见学好这一节内容,对于我们的成长、实现成为合格的土建工程师的理想是非常重要的。

这就是结构(骨架),是由板、梁、柱等构件连接而成,如果连接不当出了问题,荷载传递不合理,结构就不安全、不可靠。因为构件是型钢材料制成的,这样的结构称为钢结构。同学们可调查一下,用这样的型钢材质做的构件常采用什么方法连接?

图 4-82

4.3.1 基本构件

根据前面已经了解到的构件类型和这些构件在工程设施建设中被使用的广泛程度排序,主要有:

(1) 板(Slab)

属于平面构件,有较大的平面尺寸、厚度薄的平面构件。板通常水平方向设置,承受垂直于板面的荷载,面荷载的量纲是 kN/m^2,在结构中主要承受弯矩,如楼板、屋面板(见图 4-83)。

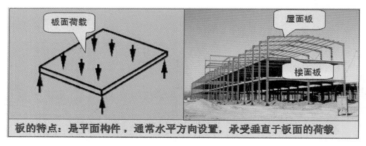

板的特点:是平面构件,通常水平方向设置,承受垂直于板面的荷载

图 4-83

(2) 梁(Beam)

属于线形构件,用以承受垂直于其纵轴方向的荷载。截面尺寸小于其长向跨度,以受弯矩和剪力为主,如吊车梁、框架梁、地基梁(见图 4-84)。

梁的特点:梁是线形构件。这是因为梁的横截面尺寸远远小于梁的纵向长度(跨度)尺寸,所以梁对结构的作用视为线荷载,量纲是 kN/m,思考一下,楼板面荷载是怎样传递给主梁的?

图 4-84

下面认识一下厂房结构的吊车（天车）梁。图 4-85 显示某轻钢厂房结构，构件是 H 型钢材制作的吊车梁（行车梁）以及中间带有纵向一排立柱的刚架，均采用 H 型钢制成的骨架。这里主要认识纵向吊车梁构件。吊车梁支承着天车连同载重的生产产品、原料等，在吊车梁上铺设的轨道上滑行。

（3）柱（Column）

属于直线形构件。截面尺寸小于其高度，承受平行于其纵轴方向的荷载，用以承受轴向压力和弯矩为主，如框架柱、牛腿柱（见图 4-86）。

思考一下：吊车梁起什么作用？除本身自重外，还承受什么荷载？此荷载作用有什么特点？什么构件在支承吊车梁？

图 4-85

柱子受力特点：承受平行于其纵轴方向的荷载，因横截面尺寸远远小于长度方向尺寸，所以和梁一样也是线形构件，它承受的荷载连同自重作用方向，如果通过柱子纵轴线，就是中心受压构件，习称轴压，反之就是偏心受压构件，习称偏压。柱子横截面既可做矩形，也可根据功能需要做成圆的。量纲以集中荷载 kN 表示

图 4-86

在工业厂房结构中，根据厂房生产工艺需要，柱子往往做成牛腿柱。何谓牛腿柱？为了让纵向安置的吊车梁挂在柱子上，柱子要向一侧挑出一部分，这样的柱子向外突出起到托梁作用，形似牛腿，因此称为牛腿柱（见图 4-87）。

柱子向一侧挑出的部分，以让纵向安置的吊车梁挂在上面。柱子向外突出起到托梁作用的这一部分几何形体，形似牛腿，称为牛腿柱

图 4-87

无论是框架柱还是牛腿柱，在土木工程设施中它们的地位和作用极其关键。

著名桥梁专家茅以升在一篇文章《为什么看不见柱子》中给柱子正名，以"拟人化"手

法,把柱子的作用描述得非常生动,教育大学生茁壮成长,早日成才,成为国家和社会的"顶梁柱"(见图4-88)。

柱子孤零零地站在地上,四面无依无靠,上面负担着房顶或者楼板上的重量,下面很牢靠地在地底下生根。它是长长的、笔直的,而且上下一般粗的。它把上面房顶或者楼板的重量传送到下面的土地中。它在房屋建筑里起着骨干作用,所有它上面的重量,不管多大,都由它包下来,由它负责,很好地传达到地面。房屋里有了柱子,有它顶住上面的东西,我们就可以安心地在下面读书或工作,它是把方便让与别人,把困难留给自己啊!

同学们不辜负先辈期望,像柱子那样勇于担当,茁壮成长,成为国家和社会的"顶梁柱"

图 4-88

(4) 墙(Wall)

属于竖向平面构件,其特点是厚度尺寸远远小于墙面尺寸,受平行于或垂直于墙面方向的荷载,量纲为kN/m,通常沿着墙的纵向取 1 m 作为计算单元。墙有承重墙(承受外荷载的作用)和非承重墙之分。承重墙是指支承上部楼层重量的墙体(见图4-89)。

在墙体结构中,墙体一般承受平行于墙面方向的荷载,墙体是主要承重构件。

图4-90 中,结合工程实际,分析了在墙体结构中荷载路线是怎样传递的,以及承重墙与非承重墙的区别。

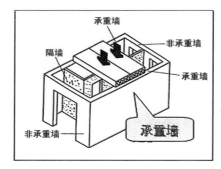

图 4-89

承重墙是指支撑上部楼层重量的墙体,非承重墙是指不支撑上部楼层重量的墙体,思考一下:买了房,装修想把室内空间按自己喜好改造一下墙体,什么墙可以动?什么墙不准动?为什么?

图 4-90

在土木工程设施中还有一类墙,在市政和路基路面工程设施中常见,就是挡土墙。什么是挡土墙?顾名思义,这类墙的作用是防止墙后土体坍塌,用来挡土的,它是构筑物,受力特点是主要承受垂直于墙面方向的荷载——侧向土压力(见图4-91)。

挡土墙：平面竖向构件，作用是防止墙后土体坍塌，主要承受墙后土体对墙面垂直方向的侧向压力——土压力的作用

图 4-91

（5）杆（Rod，Bar）

属于直线形构件。其截面尺寸远比长度方向小得多，在工程设施中杆很少单独使用，往往是把若干杆组合成桁架、网架使用（见图 4-92）。杆在结构中主要承受轴力（拉力、压力）。

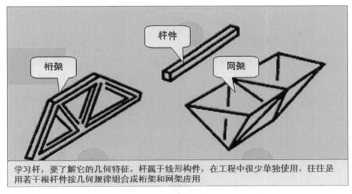

学习杆，要了解它的几何特征。杆属于线形构件，在工程中很少单独使用，往往是用若干根杆件按几何规律组合成桁架和网架应用

图 4-92

用杆件组合而成的桁架和网架在土木工程设施中，往往用于大跨度的工业厂房和大跨度的公共建筑，做空间大屋架。

众多不起眼的小杆件按几何、力学规律排列组合形成轻盈、美观、承载力高的大空间网架结构（见图 4-93）。

图 4-93

这里重点介绍一下桁架。首先"桁"字应读为"héng"，由于"桁"字较少使用，常被误读

为"háng"。

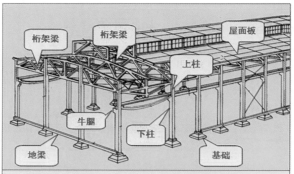

厂房结构屋盖系统是由沿着厂房纵向排列的若干榀桁架梁组成，屋面板就铺设在相邻两榀桁架梁上面，形成厂房屋盖。整个厂房空间由柱子支撑着，柱子一侧挑出的支座（牛腿）把柱子分为上柱和下柱，上柱支撑着桁架梁，下柱支撑着吊车梁。荷载传递是屋盖系统质量包括桁架梁自重传递给上柱，柱子自重包括上柱、屋面板、桁架梁还有牛腿传来的吊车梁、天车质量，通过下柱传递给基础，基础再传递给下面支承基础的地层，即地基

图 4-94

桁架梁的定义：由杆件通过一定的连接方法（如杆件是型钢，就采用焊接、铆接或螺栓连接），形成屋架支撑横梁结构（在屋盖系统中起到大梁的作用），即称为"桁架梁"（见图 4-94）。

桁架是由直杆组成的一般具有三角形单元的平面或空间结构，桁架杆件主要承受轴向拉力或压力，从而能充分利用材料的强度，在跨度较大时可比实腹梁节省材料，减轻自重和增大刚度。根据桁架材料种类，工程中常用的有钢桁架、钢筋混凝土桁架、预应力混凝土桁架、木桁架、钢与木组合桁架、钢与混凝土组合桁架等。

图 4-95

图 4-96

桁架梁的类型有三角形桁架、梯形桁架、多边形桁架、平行弦桁架、空腹桁架等类型（见

图 4-95、4-96)。

如图 4-97 示意构成桁架的杆件。在桁架外围顶部的杆件是上弦杆,在结构中一般承受轴向压力;在桁架底部的杆件叫下弦杆,在结构中一般承受轴向拉力;外围内部的杆件有竖腹杆、斜腹杆,这些杆件受力特征通过受力分析具体计算,有的是压杆,有的是拉杆,有的是零杆(不受力)。记住这些基本概念对后续有关力学课程、专业课程学习是有帮助的。

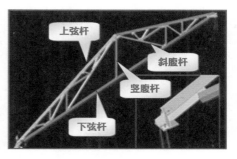

图 4-97

桁架形式在工业建筑中应用很多。工业建筑由于使用要求,往往需要比民用建筑(住宅)跨度更大的使用空间。当跨度增加时,用一般的混凝土结构制作屋顶就不经济,因此采用钢结构桁架屋顶,可以在减小自重的同时,还能形成稳定的大跨度屋顶。

近几年来,随着我国经济的发展和钢材品种技术的不断革新、不断进步,在由传统杆件组合而成的桁架中,出现了新型的金属圆管或方管制成的桁架(见图 4-98)。

图 4-98

金属圆管或方管用于现代化的大跨度公共建筑中,如图 4-99 所示,就是现代大型公共建筑较为流行的管桁架。

图 4-99

管桁架是指用薄壁圆形杆件或薄壁方形杆件在端部相互连接而组成的格子式结构。与传统桁架和网架相比,管桁架结构省去下弦纵向杆件和网架的球节点,可满足各种不同建筑形式的功能要求。

(6) 拱(Arch)

属于曲线形(或折线形)构件,截面尺寸远小于其弧长(折线总长)。

拱是一种主要承受轴向压力并由两端推力维持平衡的曲线或折线形构件(见图 4-100)。

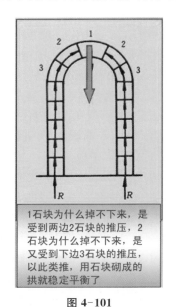

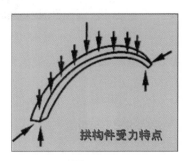

图 4-100

图 4-101

如图 4-101 示意,由拱构件形成的结构为什么承受轴向压力并由两端推力维持平衡。

古代劳动人民在实践中是这样认识拱的威力的,将墙洞挖成如图 4-102 中拱的形状,这样的墙洞很神奇,只要墙体稳定了,就不会垮塌。

拱构件受力最大的特点就是承受压力。在古代没有钢筋混凝土,坚硬的材料就是石材。石材承受压力的能力很强,但用石材跨越较大空间时就难了,因为石

图 4-102

材不易抗弯,很容易折断。古代人正是从经验中根据拱的受力特点,把石块砌成拱的形状,这样既充分发挥了石材抗压强度高的特长,又运用拱结构的受力特点,做成的石拱桥可以跨越大空间(见图 4-103)。

图 4-103

我国古代劳动人民建造了许多著名的石拱桥,不仅有前文古代土木工程发展简史中介

绍过的赵州桥,图 4-104 中的这座桥也是其中之一。该石拱桥在河北井陉县,桥建造在两
侧悬崖峭壁间,看起来非常惊险。

图 4-104

图 4-105

　　时代进步了,材料进步了,拱构件用于现代土木工程设施也更加常见(见图 4-105、
4-106)。

图 4-106

(7) 壳(Shell)

图 4-107

　　属于曲面形构件。由它形成的结构是曲面薄壁结构,具有很好的空间传力性能。壳
曲面能把各种外荷载均匀地分散到曲面各处,起到化整为零的作用,因此能以极小的厚
度覆盖大跨度空间;壳体结构能以较小的构件厚度形成承载能力高、刚度大的承重结构,
形成大跨度的空间而不需要空间支柱,兼有承重结构和围护结构的双重作用,从而节约
结构材料(见图 4-107)。壳的神奇作用也可用龟壳来说明。龟是我们很熟悉的动物,它
的生命力极强,在地球上已经生存了 1.5 亿年了。它的背甲呈拱形,跨度大,包含了许多

力学原理。乌龟背壳虽然很薄,有的甚至只有2 mm的厚度,但使用铁锤敲砸很难破坏它(见图4-108)。

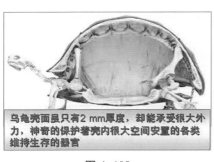

乌龟壳面虽只有2 mm厚度,却能承受很大外力,神奇的保护着壳内很大空间安置的各类维持生存的器官

图 4-108

现代化的薄壳建筑

图 4-109

建筑学家正是模仿了乌龟的背甲造型再进行创新设计,建造了世界许多著名的薄壳建筑,如意大利罗马小体育宫、国家大剧院等。这类建筑有许多优点:用料少、无空间支柱、空间视野开阔、坚固耐用(见图4-109)。

意大利罗马小体育宫屋顶是空间球形薄壁结构,球顶由1 620块用钢丝网水泥预制的菱形槽板拼装而成(见图4-110)。小体育宫在现代建筑史上占有重要地位。

用砼预制构件制作的空间薄壳建筑——意大利罗马小体育宫

图 4-110

国家大剧院整个壳体钢结构重达6 475 t,东西方向长轴跨度为212.2 m,是目前世界上最大的穹顶(见图4-111)。

国家大剧院整个壳体钢结构重达6 475 t,东西方向长轴跨度212.2m,是目前世界上最大的穹顶。

图 4-111

（8）索（Cable）

以柔性受拉材质如钢索（缆索）等材质制成，作为受拉构件。

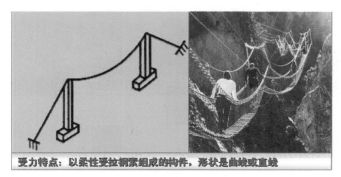

图 4-112

由索组合形成的结构，就是索结构，索的形状呈直线或者曲线（见图 4-112）。

索是索结构主要受力构件，承受结构拉力如桥梁工程斜拉桥、悬索桥的缆索。在体育馆、大型公共广场也常见（见图 4-113）。

图 4-113

（9）膜（Membrane）

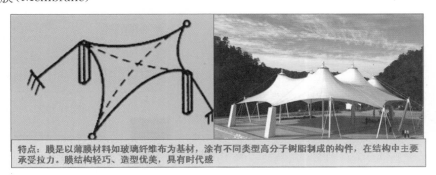

图 4-114

膜是以薄膜材料如玻璃纤维布为基材，涂有不同类型高分子树脂制成的构件。然后通过一定方式连接形成的结构类型（见图 4-114）。在工程中常见的有骨架式膜结构、张拉式膜结构、充气式膜结构三种形式（见图 4-115、图 4-116）。

充气式膜结构在现代化体育馆设施中大显身手。充气式膜结构体育馆中间无柱无梁，可形成超大空间，里边配备空气净化、恒温、恒湿系统，是人们健身休闲的好场所（见图 4-117）。

膜结构建筑利用膜结构的轻巧，可建造别致的造型。建筑设计打破了纯直线建筑风格

图 4-115

的模式,借助膜曲面独有的优美造型,简洁、明快,刚与柔、力与美完美组合,呈现给人以耳目一新的感觉,同时给建筑设计师提供了更大的想象和创造空间。

图 4-116

图 4-117

"水立方"国家游泳中心工程项目是世界上最大的膜结构工程,除了地面之外,占地 7.8 hm²(见图 4-118)。建筑外表近 8×10^4 m² 采用世界上最先进的节能环保膜材料 ETFE(乙烯-四氟乙烯共聚物,ethylene-tetra-fluoro-ethylene)覆盖,材料突出特点是抗压性能强,自重轻,自洁性能强,比玻璃透光、透气性好。

图 4-118

在现代化建筑中,营造轻型、坚固、大空间建筑是结构设计人员不断探索和创新的追求目标。在结构设计中随着工程材料不断进步,常常把杆、拱、壳、膜、索等构件联合起来使用,这是 21 世纪空间结构的发展趋势。网壳结构系以杆件为基础,按一定规律组成网格,按壳体结构布置的空间构架,兼有杆系和壳体的双重优良性能,类似这种以不同构件类型组合而成的结构在现代工程实践中屡见不鲜(见图 4-119)。

图 4-119

4.3.2 构件连接方式

要把上述九类构件按实现功能的要求,选择不同几何形体类型的构件连接形成受力合理的结构,还要了解构件与构件间的连接方式或方法。因材质和营造工艺不同,大体上有如下类型:

(1)砌筑类连接

把块材(砖、石、硅酸盐块材制品等)用胶凝材料(石灰、石膏、水泥砂浆等)连接起来,如图 4-120 所示。

图 4-120

(2)混凝土类连接

依构配件连接的施工方法分为现浇和装配,后者有利于预应力混凝土构件(PC)工厂生产标准化,建筑工业化,有利于节能减排、环保,符合国家新时代政策导向,是今后发展方向,应总结经验,大力推广。如图 4-121 所示。

图 4-121

（3）木材类连接

木构件连接采用榫卯连接方式。榫卯是在两个木构件上所采用的一种凹凸结合的连接方式,凸出部分叫榫（或榫头）,凹进部分叫卯（或榫眼、榫槽）,榫和卯咬合,起到连接作用。如图 4-122 所示。

图 4-122

（4）金属类构件连接

采用焊接、铆接、高强螺栓等,如图 4-123 所示。

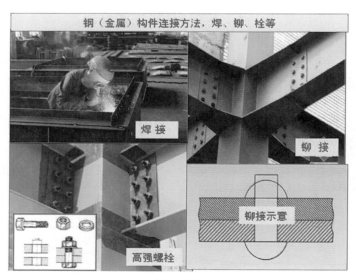

图 4-123

4.3.3　常见结构类型

为实现土木工程设施功能要求,将上述板、梁、柱、墙、杆、拱、壳、索、膜等九种基本构件,按照一定连接方法,可构建出丰富多彩的结构体系。结构类型主要有墙体结构、框架结构、框架—筒体结构、错列桁架结构、网架结构、拱结构、壳体结构、空间折板结构、钢索结构等,其中有些结构类型特点在前文中结合主要构件受力特点已做了介绍,如桁架结构、拱结构、壳体结构、网架结构、钢索结构等,下面重点介绍土木工程设施常见的两种结构类型——墙体和框架结构的有关基本概念。

1 墙体结构(Wall Body Structure)

墙体结构是以墙体为主要承重构件的结构体系。墙体结构可分为砖混结构(Brick-Concrete Structure)和剪力墙结构(Shear Structure)两种体系。

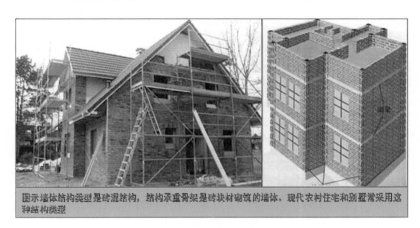

图 4-124

(1)砖混结构 指建筑中竖向承重结构的墙、柱等采用砖或砌块建筑,横向承重的梁、楼板、屋面板等采用钢筋混凝土结构,是以小部分钢筋混凝土和大部分砖墙承重的结构体系(见图 4-124)。过去传统住宅建筑、现代农村自建房和别墅建筑常采用这种结构类型。根据墙体结构中的受力情况,墙体可分为为承重墙与非承重墙,非承重墙又有填充墙、隔断墙之分。承重墙除承受自重外,还要承受上面楼层传来的外荷载;非承重墙一般是围护墙,其作用主要是空间分隔,或用于装饰的墙,不承受外来压力(见图 4-125)。在装修房屋中,无论是砖混结构墙体还是框架结构墙体,一定要根据图纸或现场踏勘搞清楚承重墙和非承重墙。填充墙和隔断墙因为不受力,可根据装修空间需要灵活处理,而承重墙无论如何不能敲打拆除。

图 4-125

（2）剪力墙（Shear wall）　又称抗风墙、抗震墙或结构墙，常用于高层建筑。剪力墙是用钢筋混凝土墙板来代替结构中的梁柱，主要承受风荷载或地震作用引起的水平荷载和竖向荷载（重力）的墙体，防止结构剪切（受剪）破坏。受力特点是利用房屋的墙体作为竖向承重和抵抗水平荷载（风、地震荷载等）的结构。同时墙体也作为维护及房间分隔的构件。

1968 年建成的广州白天鹅宾馆，主楼 27 层，总高 86.51 m，是当时国内最高的建筑物，结构形式就是纯剪力墙体系，横向剪力墙中距 8 m（见图 4-126）。

图 4-126

在现代高层建筑设计结构选型中，把剪力墙结构与下面讲的框架结构，两者结合起来，扬长避短，出现了一种新的结构形式，即框架剪力墙结构（见图 4-127）。

图 4-127

用这种结构形式建造的房屋能够承受高层建筑房屋竖向荷载，抵抗强大水平荷载（风、地震荷载等）的作用。

2　框架结构（Frame Structure）

（1）定义：框架结构（又称构架式结构）是由梁或屋架和柱连接而成的竖向结构，这个定义告诉我们工程上由系杆组成的屋架（桁架）在结构中就相当于横梁作用，其上支承屋面板，与梁的作用相同，即屋架与柱的连接也是框架结构（见图 4-128）。

框架结构是房屋建筑里最常见的结构形式。框架结构主要受力的构件是板、梁、柱。其墙体不承重，仅起围护和分割作用，一般用预制的加气混凝土、空心砖或多孔砖等轻质板材砌筑或装配而成（见图 4-129）。框架结构的主要优点是空间分隔灵活，自重轻，节省材

柱下条形基础埋置在地面以下

两个图均是框架结构。左图框架传力路径是板→次梁→主梁→柱→基础；右图框架传力路径是板→屋架（桁架）→牛腿柱→基础，右图系杆组成的屋架的作用就相当于左图的大小横梁的作用，与横梁比较，屋架支承的跨度更大些，自重更轻些

图 4-128

料，利于安排需要较大空间的建筑结构；框架结构的梁、柱构件易于标准化、定型化，便于采用装配整体式结构，以缩短施工工期；采用现浇混凝土框架时，结构的整体性、刚度较好，能达到较好的抗震效果。

（2）类型：框架的类型按跨数可分为单跨、多跨；按层数可分为单层、多层（见图 4-130）；按立面构成可分为对称、不对称；按所用材料可分为钢框架、混凝土框架、胶合木结构框架及钢与钢筋混凝土混合框架等。其中最常用

框架结构墙体是大型加气混凝土砌块填充墙，不承重，仅起分隔空间作用

图 4-129

的是混凝土框架（现浇式、装配式、整体装配式，也可根据需要施加预应力，主要是对梁或板）、钢框架。装配式、整体装配式混凝土框架和钢框架适合大规模工业化施工，效率较高，工程质量较好。

框架按跨和层数识别：左图就一层，跨度就是厂房的横向宽度，故称单层单跨厂房结构，右图是多层多跨房屋结构

图 4-130

（3）常见的结构形式有刚架和排架两种。工程实践中如何区分刚架和排架结构类型呢？这主要从梁与柱连接或屋架与柱连接的结点构造做法和受力情况加以区分。

圆圈锁定目标是梁、柱连接处节点

梁、柱钢筋紧紧相连，一起浇筑混凝土施工现场

图 4-131   图 4-132

在刚架结构中，梁柱是怎样连接的呢？图 4-131 中圆圈锁定目标示意的是钢筋混凝土框架结构梁和柱两个构件连接处，这个连接处称为节点。在节点处，梁与柱其内部钢筋紧紧相连，然后现浇混凝土而成。图 4-132 示意的是梁与柱连接处的构造做法及施工现场。梁与柱两个构件连接相当牢固，这样的连接既限制了梁在水平、垂直两个方向上的移动，也限制了连接构件的转动，这就是刚架结构。

所谓刚架形式，即梁柱结点为刚性连接，形成刚性结点，这样的构造做法及连接方式可以抽象简化为两根细杆，横为梁，竖为柱，结点简化为刚结点，如图 4-133 所示。这个结点很牢固，产生三个约束反力，使连接构件上下、左右、前后不能移动，也不能转动，使两个构件连接得就相当于一个构件，这就是刚接。

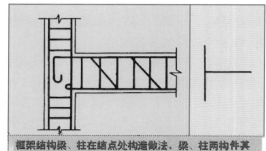

框架结构梁、柱在结点处构造做法。梁、柱两构件其内部钢筋在此处紧紧相连，无形之中在结点处产生了三个约束反力，抵抗梁在外荷载作用下，水平、竖直方向移动，在结点处转动，两个构件牢牢刚结在一起。右图是左图构造做法的抽象简化，示意梁柱连接是刚结，结点是刚结点

图 4-133

框架结构的另一种形式就是排架。排架结构由屋架或屋面梁、柱和基础组成。通常，排架柱与屋架或屋面梁为铰接，而与其下基础为刚接（见图 4-134）。何谓铰接？从结点构造做法来看，是屋架或梁搁置在支承构件上，不是同时浇筑的。梁与柱的连接是为了稳定牢靠，在构件连接处预埋了钢板焊接，或用螺栓连接。

框架结构的另一种形式是排架结构。在排架结构中，屋架与牛腿柱上柱的连接，吊车梁与牛腿的连接，均看做是铰接，节点处受到两个约束反力

图 4-134

框架结构的两种结构形式,可以从梁(屋架)柱连接构造做法、约束反力、受力图抽象简化形式,以及实际应用加以区别。

区别刚架与排架主要看图4-135中两个圆圈锁定目标的构造做法,左图圆圈示意的是刚结点,即梁与柱的连接是刚接,有三个约束反力,两个构件连接后既不能上下、左右、前后移动,又不能转动,这里横杆示意的是梁,竖杆示意的是柱。右图圆圈示意的是铰接,有两个约束反力,横杆示意的是屋架,竖杆示意的是柱(牛腿柱),在连接处用一个小圆圈示意的是铰接点,以便和刚结点区别开来。

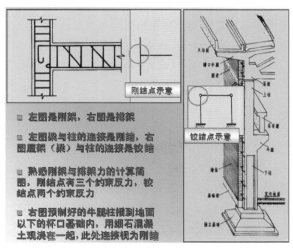

图 4-135

在工程实践中,排架结构主要用于单层厂房工业设计。这类厂房如重型机械制造工业厂房、冶金工业厂房等,其特点是生产设备体积大、重量重,厂房内以水平运输为主,而排架结构形式可形成高大的使用空间,容易满足生产工艺流程要求,内部交通运输组织方便,有利于较重生产设备和产品放置,可实现厂房建筑构配件生产工业化以及现场施工机械化等特点。按照厂房的生产工艺和使用要求不同,排架结构可设计为单跨或多跨、等高或不等高等多种形式(见图4-136)。

图 4-136

4.4 土建结构设计基础知识

这一节主要学习和结构设计有关的基本概念。结构工程师的主要任务,就是在建筑空间设计的基础上,与建筑师、建造师通力合作,为实现工程结构功能要求,根据工程环境,场地工程地质、水文地质勘查资料,以及材料供应情况和施工技术水平等因素,进行结构设计。

4.4.1 概述

在结构设计中,通常把工程设施空间的第一层地面标高定为相对标高零,记为±0.000,其上称为上部结构(Superstructure),构件的位置以±0.000为基准点,到构件的距离记为正(+);±0.000标高以下为下部结构(Substructure),构件的位置到±0.000基准点的距离记为负(一)(见图4-137)。结构设计的主要内容是确定上部结构和下部结构体系选型设计,并通过材料选定、结构布置、荷载计算、内力计算和所选材料的强度等级,对构件和结构的截面尺寸和强度计算进行校核,并结合当地工程经验和国家规范进行具体的实际设计,最后以结构工程师的语言绘制一系列结构施工图。这是土建类各专业在大学四年里专业课、专业基础课要学习的主要内容,为完成这一学习目标,本节组织了和结构设计有关的最基本概念,这些基本概念是结构设计和材料的关系,结构基本受力特征,结构设计与地基基础的关系,结构的预定功能和失效,以及结构设计应追求的目标。

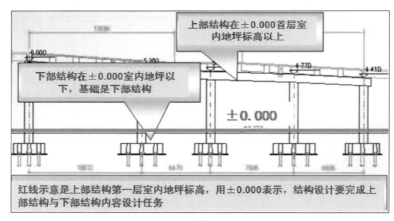

图 4-137

4.4.2 结构设计和材料的关系

上一节介绍了土木工程设施基本构件和结构的关系和类型,工程结构设计除了合理的结构选型外,就是要通过结构设计充分发挥所选材料的作用。这是因为工程材料是所有工程设施的物质基础,构件所用材料强度能否得到充分发挥,直接影响到工程设施是否安全可靠,工程造价是否经济合理。因此在工程结构设计中,构件所选材料与做好结构设计有密切关系。这里首先要了解两点。

第一,要熟悉结构按材料的分类。结构按材料可分为钢结构、钢筋混凝土结构、木结构、砖混结构、组合结构等,这是结构工程师习惯性的分类(见图4-138)。

图 4-138

第二，要做好结构设计，还要了解土木工程各类材料的强度性能。强度（承载力）是结构材料承受荷载的极限能力。不同材料承受外荷载作用的极限能力即强度是不一样的，通过实验总的来看，用不同类型材料做成同样截面几何尺寸的构件，在同样外荷载作用下，低碳钢强度最高，混凝土其次，木质构件再次，砌体最低。钢混组合结构把钢和混凝土的受力性能结合起来，扬长避短，用这种材料构建的组合结构有广阔的发展前景（见图 4-139）。在我国贵州平罗高山峡

钢管混凝土组合结构

图 4-139

谷建造的特大桥，就是用钢管混凝土建成的世界上跨度最大的上承式拱桥，全长 1.5 km，主桥主跨 450 m，2018 年 6 月 30 日成功合龙（见图 3-83）。

当然，选择什么材料还要根据设计对象的设计等级、工程环境、构件在结构中的具体位置及其受力性能而定。如图 4-140 所示三角形桁架，上弦杆通过与檩条的结点，把屋面荷载传递给桁架，在外荷载作用下，桁架变形有向上弯起的趋势。在这样的背景下，上弦杆受压，下弦杆受拉，构件材料若强度不够受拉被折断，受压被压屈，在工程中是不能允许的。因此做好结构设计一定要学习和研究各类材料的强度指标及其受力性能。

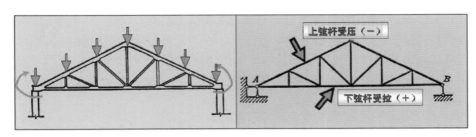

图 4-140

4.4.3 结构基本受力特征

结构的基本受力特征是拉伸(Tensile)和压缩(Compression)。如图 4-140,三角形桁架在结构体系承受外荷载作用下变形,桁架有向上弯起的趋势,在弯起过程中,构成桁架的各杆件其受力性能不是承受拉力,就是承受压力。正如爱因斯坦所说,自然界给予结构的本能即"elegance"(优雅举止)是通过两个基本作用——拉伸和压缩来完成荷载传递过程的。为了说明这一问题再举一例:以砖混结构箭头指示的梁为例,设定梁原长为 L,梁在本身自重和承受屋面板及其所有屋面构造层荷载作用下,发生了弯曲变形(见图 4-141)。我们会发现梁在结构荷载作用下,梁的纵向轴线由直线变为曲线;发现上半部分长度和原来的长度 L 比较,因为压缩变短了,即 $L_1<L$,下半部分长度和原来长度 L 比较,因为拉伸变长了,即 $L_2>L$(见图 4-142);还发现其中有一条轴线既没拉长也没缩短,和原长比较没发生变化,这条轴线称为中性轴,以中性轴为界其上是梁的受压区,其下是梁的受拉区。

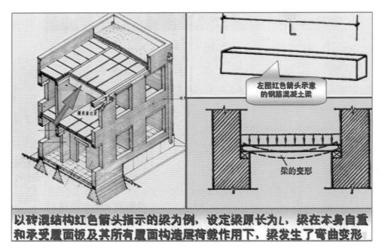

图 4-141

以上分析说明,结构无论是在荷载作用还是在间接作用影响下,其本能是受拉和受压。工程结构的主要构件,如板、梁、柱、墙等的基本受力特征是拉、压、弯、剪、扭,而弯、剪、扭又是构件受拉、受压组合作用的结果,最后还是归结为两种基本受力状态,即拉伸和压缩。

图 4-142

4.4.4 结构设计与地基基础的关系

本节开头已提过,结构设计要完成的任务除了要完成±0.000 之上,上部结构的设计任务以外,同时还要完成±0.000 之下的设计任务。因为无论是什么结构类型,结构荷载传递路径最后都要通过墙或柱再通过下部结构基础传递给地基(见图 4-143)。要学好下部结构设计,从一开始就必须把与下部结构设计有关的几个基本概念了解清楚。

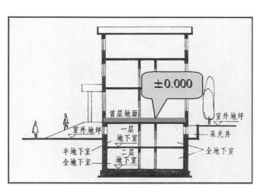

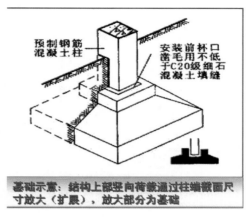

图 4-143

图 4-144

1. 基础（Foundation）

（1）基础的定义

基础属于下部结构。它是±0.000建筑物的墙或柱地面以下的延伸扩大部分。想一想，为什么要把墙、柱地面以下部分截面放大/扩展（见图4-144）？

（2）基础的作用

上部结构荷载传递路径的终端是地基，基础的作用就是在地基和上部结构间承上启下，起了一个连接件的作用。上部结构传来的巨大荷载通过墙或柱放大截面尺寸（基础）缓冲、扩展，使传递给地基的基底压力（即压强，基础单位面积承受的压力）变小，以满足地基承载力强度要求。

（3）基础基本形式——轮廓扩展（Spread）

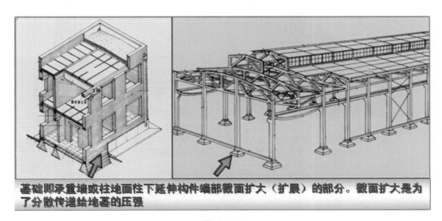

图 4-145

上部结构荷载通过基础截面尺寸放大最终传递给地基的形式，就是将上部结构截面尺寸扩展。工程中常见的两种基本形式就是墙下条形扩展基础（Strip Spread Foundation）和柱下独立扩展基础（Independent Spread Foundation）。以墙承重的上部结构地面以下延伸扩大部分，基础是沿着墙的走向去做，工程上称为墙下条形（或带形）基础，见图4-145中左图箭头指示部位；以柱承重的结构地面以下延伸扩大部分基础是独立的，工程上称为柱下独立扩展基础,见图4-145中右图箭头指示部位。

图4-146示意扩展基础墙柱地面以下延伸扩大部分的基础现场施工做法。

墙柱地面下延伸扩大部分基础做法示意。左图是沿着墙的走向在开挖的基坑内做墙下条形基础,右图是在柱承重定位轴线处开挖的基坑内做柱下独立基础,其上留出杯口,把预制柱插入杯口内一定深度浇筑细石混凝土连接

图 4-146

(4)浅基础与深基础

基础按施工营造方法分为两大类,一类是浅基础,另一类是深基础。浅基础适用于地面下地层承载力比较好,上部结构荷载不是很大,用常规施工机具、方法开挖基坑基槽就可把基础做起来。深基础适用于工程场地地层非常软弱,上部结构荷载又很大如高层建筑、大跨度重型工业厂房、特大桥梁的桥墩,为提高地基的承载力,基础必须要做得很深,用人工做无济于事,必须用特殊的施工机具才能完成(如图4-147右图示意的"巨型挖槽机")。

左图示意用常规的施工机具开挖基坑基槽,做的基础是浅基础(Shallow Foundation);右图示意用特殊的施工机具开挖基坑基槽,做的基础是深基础(Deep Foundation)

图 4-147

2. 地基(Subgrade)

首先了解地基的位置,地基在基础下方,它的作用是支撑基础。地基是指受到土木工程设施影响的地层。地基是地层,不是基础,地基和基础不是一个概念。地基是支撑基础的土体或岩体。地基是由地层构成的,但不能说地层就是地基,地层是不是地基关键看它是否支承基础并受到土木工程设施作用的影响。图4-148中两条虚线示意的基础底面以下的土层范围,就是地基。这个范围在后续专业基础课《土力学》的学习中,是可以通过定

性定量分析确定的。虚线范围之外的地层,因为没有受到土木工程影响,尽管它还是地层,但已不是地基的概念了。

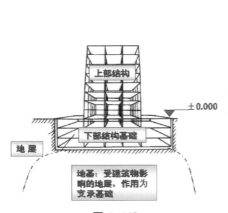

图 4-148

图示人工地基处理现场,现场地基土层由湿陷性黄土构成,地基软弱,采用地基加固"强夯法"处理,夯有几十吨重,吊起到几十米高度的位置自由加速落下,重捶夯碾,加固了地基,为基础施工创造了条件。从这个意义上来说,上部结构设计离不开下部结构基础,基础设计和施工离不开地基,要学会用地基、基础、上部结构的辩证思维方法分析工程问题

图 4-149

地基可分为天然地基(Natural Subsoil)和人工地基(Artificial Ground)。天然地基顾名思义,地基无须处理就可以用,这最好不过了,然而这样的地基现在太少了。天然地基承载力如果很软弱,达不到设计要求,必须进行处理,地层经过处理就是人工地基(见图4-149)。

地基与基础虽是两个不同的概念,但它们关系十分密切,在结构设计理念上要重视地基、基础、上部结构共同工作理论,学会用工程辩证思维方法分析工程问题,在结构设计中一定要把地基问题对结构的影响考虑进去,要重视地基基础设计的研究内容。

3. 地基对结构的影响

地基是由土(成层土)构成的。因为土成层分布,从这个意义上来说,地基是由地层(Stratum)构成的。如果没有受到地壳运动的影响,地层应该呈水平状分布,越往下的地层生成的时间离我们越久远(见图 4-150)。

地面以下的地层是一层层分布的。因为各层松散堆积物生成的地质年代、生成环境、物质来源、成因不同,各地层显示的颜色、成分、颗粒大小等不一样,如果没有受到地壳运动的影响,地层应该呈水平状分布,地层越往下,生成时间离现在越久远

图 4-150

不同学科对"土"的定义是不同的,在土建工程中土的定义为:土是自然历史的产物,是矿物或岩石碎屑构成的松散集合体。

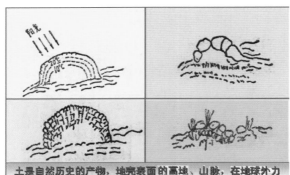

图 4-151

除岩石地基外,与结构构件材料钢、混凝土等相比,地基土是松散集合体,是软弱的,承载力低。地基土分类有岩石(岩石是广义的土)、碎石土、砂土、粉土、黏性土和人工填土等。自然界的土层是怎么来的?见图 4-151,在过去漫长的地质年代里,经过物理风化、化学风化、生物风化的联合作用,地壳表面产生裂缝,裂缝向纵深方向不断发育,受到地表水、地下水的影响,岩石被剥蚀、破碎,再经过大自然外力作用如风、雨水、河流等的搬运,这些松散物质在不同的低洼地形、不同的地貌环境中一层层堆积下来集合而成,这就是我们现在看到的地层,其松散堆积物大都是岩石风化后的碎屑和矿物,颗粒大小不一。有的土层由粗大的颗粒,如块石、卵石、碎石等构成,也有的土层由很小甚至小到肉眼看不见的颗粒,如淤泥等构成。天然状态下,不同土层土的物理状态是不同的,有轻的有重的,有干的有湿的,有软的有硬的,有松散的也有紧密的。土的物理状态直接影响着土的工程性质,坚硬的地层地基承载力高,松软的地层地基承载力低。一个工程项目设计施工前,一定要了解施工场地(施工场地可能是个点,如房建工程;也可能是条线,如地铁轴线确定、路基工程、隧道等轴线选址)下方地基的工程性质(见图 4-152)。

设计、施工前一定要熟悉场地工程地质、水文勘查资料,要熟读场地工程地质勘查报告,否则结构设计无论是上部结构还是下部结构基础设计都是"睁眼瞎",是盲目的,会出问题。地基与基础是工程建筑的根本,统称为基础工程,其勘察、设计、施工质量直接影响工程安全、经济和正常使用。由于基础工程是在地下或水下进行,增加了施工难度,在高层建筑中其工程造价约占总造价的四分之一,若采用深基础或人工地基,工程造价会更高。同学们对地基基础要有一个概念性的了解,这些预备知识的积累对于后续专业基础课《工程地质与水文地质》《土质学》《土力学与基础工程》的学习是大有帮助的。

下面淤泥层很厚,有十几米深

2014年武汉地铁7号线开工前,为确定最佳轴线路径,沿轴线勘察设计。图展示的是用简易勘察设备取出地面下各层土样,并按土样取土位置深度编号,做好记录,同时备好土样送到土工实验室测定土的物理力学性质指标,为结构设计提供第一手现场勘察资料和设计参数

图 4-152

4. 基础结构类型(Structure Type)及选型(Model Selection)

地下结构基础设计的依据是根据上部结构荷载传递路径和实现工程功能的要求,在众多不同类型基础中做好选型,因此对土木工程设施常见的基础类型要有大致的了解。基础类型按营造方法共有两大类:浅基础和深基础(见图 4-153)。

基础两大类型:浅基础与深基础。左图是浅基础,基础是用常规的施工机具,开挖基坑基槽做的;右图是深基础,用特殊的施工机具——大型静力压桩机把高强度预应力混凝土管桩压入持力层

图 4-153

工程中常见的浅基础结构类型,按墙、柱、梁、板等构件连接方式,承重体系可分为扩展基础和连续基础两类。扩展基础即墙、柱通过地面下延伸扩大基础水平截面,使得基础所传递的荷载扩展到地基中,从而满足地基承载力和变形要求。扩展基础既可做成无筋(不配钢筋)扩展基础,又可做成有筋(配置钢筋)扩展基础。如图 4-154 中,左侧图是无筋刚性扩展基础,右侧图是有筋钢筋砼扩展基础。

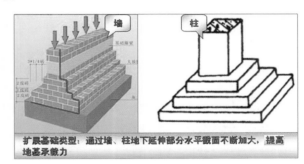

扩展基础类型:通过墙、柱地下延伸部分水平截面不断加大,提高地基承载力

图 4-154

图 4-155 示意墙、柱扩展基础两种类型基础施工现场做法。

当扩展基础不能满足设计要求时,根据地基基础设计基本原理,可以通过增加基础底板的面积和增加基础在地面以下的埋置深度,提高地基承载力,这就出现了连续基础(Continuous Foundation)。

扩展基础现场施工做法。左图是墙下钢筋混凝土梁形扩展基础做法,右图是柱下钢筋混凝土独立扩展基础做法

图 4-155

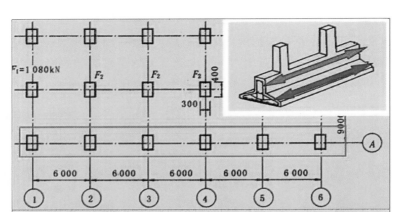

图 4-156

连续基础是指将柱下原来单独设置的独立基础，沿着单向或双向轴线方向，将基础通条连续设置于柱列或柱网之下的条形基础，这叫柱下条形基础和十字交叉基础。以图4-156中 A 轴纵向定位轴线为例，如果单个柱下独立基础不能满足地基承载力要求，就把 A 纵列所有柱下独立基础联合起来，即红色矩形框锁定的目标联合起来，增加基础底板面积，提高地基承载力，这就是柱下条形连续基础。如果还不能满足设计要求，那就将柱列下所有基础整片连续设置于建筑物之下，这就出现了筏板基础（习称满堂灌基础）；如果筏板基础仍不能满足设计要求，须再增加基础埋置深度，提高地基承载力，这就出现了箱形基础。这些基础统称为连续基础（见图 4-157）。

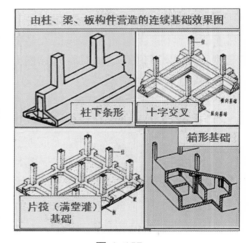

图 4-157

连续基础包括柱下条形基础、柱下交梁（十字交叉）基础、片筏基础（满堂灌）、箱形基础。箱形基础既增加了基础底板面积，同时又增加了基础的埋置深度，承载力更高。

图 4-158 显示钢筋混凝土柱下条形基础、片筏基础等不同类型连续基础现场施工做法。

深基础包括桩基础、沉井基础、地下连续墙等。

桩基础是深基础常见的主要形式。通过两张现场拍摄图片，认识一下桩基础（见图 4-159）。两张照片反映了预制桩施工做法，一个是气锤夯打（左图，拍摄于 20 世纪 80 年代上海宝钢），用于软土地基很见效；另一个是用压力设备把预制桩压到持力层（右图，拍摄于2008 年华中科技大学武昌分校）。

图 4-158

图 4-159

深基础还有一种类型,即沉井。沉井多用于水深较大的桥梁基础工程。如沪通长江大桥主塔 325 m 高的桥墩基础,该桥主跨 1 092 m,是目前世界上最大的公铁两用斜拉桥,主塔桥墩基础采用钢沉井,总高 105 m,沉井平面布置了 24 个 12.8 m×12.8 m 的井孔。2014年 10 月 28 日采用浮运施工方案就位(见图 4-160、4-161)。

地下连续墙是深基础的另外一种形式。它是在泥浆护壁条件下,用专门的成槽机械(见图 4-162),在地面开挖一条狭长的深槽,然后在槽内下钢筋笼,浇筑混凝土,形成一道地下钢筋混凝土连续墙。这道墙既起到深基坑开挖的截水、挡土等支护作用,形成可以施工的空间作业面,又可以承受上部结构荷载成为永久基础的一部分。

上述是土木工程设施主要基础的不同结构类型。与上部结构形式相比,地下结构的组成还是离不开板、梁、柱、墙等基本构件的连接,只是在下部结构基础结构形式中,这些基本构件个头大、尺寸厚,都是由厚板、深梁、粗柱、厚墙等基本构件做成的。各种类型基础承载力和抗变形能力是不同的,选择什么样的基础结构,要和上部结构匹配,根据工程功能要求(如地下室要实现各类地下建筑的功能要求),还要根据建设场地的工程水文地质条件、场地地层勘察资料、上部结构竖向荷载大小以及最终荷载传递路径、材料供应、施工技术水平等因素进行综合考虑,分析选择相应的基础形式。

图示深基础沉井、沪通长江大桥主塔325 m高的桥墩基础，该桥主跨1 092 m，是目前世界上最大的公铁两用斜拉桥，主塔桥墩基础采用钢沉井，总高105 m，沉井平面布置了24个12.8 m×12.8 m的井孔

图 4-160

巨大沉井采用拖船从制作现场，用浮运施工方法拉到主塔就位，然后送到江底地基持力层

图 4-161

地下连续墙，左图是挖槽机，右图是在挖好的槽内下钢筋笼

图 4-162

4.4.5 结构的预定功能和失效

1. 结构设计的四项预订功能(Reservation Function)

前面通过了解结构设计与材料的关系、结构在外荷载作用下基本受力特征、结构设计与地基基础的关系，结构工程师最终能够通过对工程实际进行详尽的调查研究、结构选型，经过缜密的荷载计算、内力计算、配筋计算、截面设计，经过结构构件承载能力极限状态和正常使用极限状态的分析，实现土木工程设施预定的四项基本功能要求，这四项预定功能是：

（1）能承受正常施工和使用时可能出现的内力，即保证结构在外荷载作用下不被破坏，其强度要有足够的承载力（见图 4-163）。

（2）正常使用时具有良好的工作性能（不发生过大的挠度、侧向位移、不均匀沉降，不使人感到晃动等），即结构在使用过程中，要有控制变形过大让人感到不适的能力。这里提到的挠度、侧向位移、不均匀沉降都是和结构变形有关的专业术语。要了解结构在正常使用下的变形（侧向位移）不能超越极限状态。

图 4-163

（3）正常维护下，具有足够的耐久性能和抗老化能力（抵抗酸类等物质的侵蚀能力）。

（4）偶然事件发生时能保持一定的稳定性（如良好的抗震能力）。

图 4-164

1999 年，土耳其西部发生了 7.2 级大地震，据统计共造成 1 000 多人死亡，5 000 多人受伤，震区绝大多数建筑物遭到不同程度的损坏。当时作为连接 Bolu 省西部和山岭地区交通枢纽的 Bolu 高架桥工程几乎已竣工。为了达到预定抗震功能要求，设计中意图采用减震隔震耗能技术，只因技术和施工质量未达到设计要求，致使大桥在这次地震中未能幸免，遭到严重的破坏，结构失效（见图 4-164）。

上述四项预定功能是结构设计的预期目标，要想在工程实践中确保其实现，作为结构工程师除了确保工程设施的安全、适用和耐久性，还须用工程辩证思维把上部结构、下部结构、地基结合起来分析，在结构设计中不仅要重视上部结构设计，还要重视地基基础设计。上面列举的还有现实中出现的许多结构失效的案例，上部结构并没有出现问题，是因为地基基础设计和施工管理出现了问题,致使结构预定的功能未得到实现造成后患。

2. 结构设计应遵循两个功能函数(Performance Function)

结构设计要实现设定的预定功能,其分析方法就是把两个功能函数运用到设计思路中。先认识一下这两个功能函数:

一个是与结构承载力有关的功能函数,即 $R_1(f, a)$;

一个是与结构变形有关的功能函数,即 $R_2(E, a, F, L)$。

两个功能函数涉及五个物理量:f 是指所选构件材料如钢、砼、地基土、塑料、木、砌体等的强度指标,不同材料提供的强度是不一样的。a 是反映结构或构件截面形状的几何参数,如尺寸大小、形状厚薄等,参数不一,提供的抗力也是不一样的。E 是指材料的弹性模量,其定义是指材料在弹性变形阶段,其应力和应变成正比例关系(即符合胡克定律),其比例系数称为弹性模量。材料的弹性模量反映了材料抗变形的能力,该指标数值越大,材料抗变形能力越强,刚度好;反之抗变形能力弱,刚度差。它和构件截面面积 A 的乘积称抗弯刚度,是评价结构变形功能的重要参数。F 是作用于结构上的荷载,L 是结构跨度,即支承构件的支座中轴线到相邻支座中轴线的距离,简称中到中的水平距离。

结构承载力功能函数指导结构设计如何选择材料,如何设计构件最佳截面,如何充分发挥材料强度,提高结构承载力预定功能,达到最佳承载力。

结构变形功能函数通过选择材料、选择构件设计截面,通过结构布置调整外荷载、跨度,通过设计方案的调整,控制结构变形值在合理的范围,使结构在正常使用时,具有良好的工作性能。

两个功能函数是指导结构设计,实现预定功能的最佳路径,是使结构在外荷载和间接作用下产生的作用效应(Effect)不超过运用两个功能函数设计的结构产生的抗力(Resistance),即作用效应不能超过结构的抗力,$E \leqslant R$ 这个指导思想会贯穿在后续

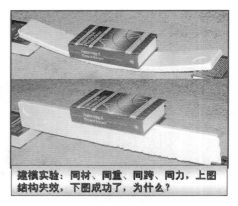

建模实验: 同材、同重、同跨、同力, 上图结构失效, 下图成功了, 为什么?

图 4-165

所有专业结构设计课程中。对于这两个功能函数,尽管不同的结构设计课程内容,提供的具体公式不一样,但是结构设计的指导思路是一样的。下面通过一个建模实验,说明如何运用这两个功能函数指导结构设计。

图 4-165 示意一个建模实验:上下两图,模型板材一样,体积一样,板两端支承的支座一样,施加其上的外荷载也一样,但上图显示板产生了过大变形,而下图显示结构安然无恙。用两个功能函数分析一下原因,上下材料一样说明提供的材料强度指标 f 是一样的,跨度 L 长短一样,材料弹性模量 E 一样,荷载 F 一样(都作用一本书),功能函数中是什么设计参数在这里起了重要作用? 给我们什么启示? (见图 4-166)

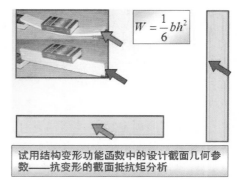

$$W = \frac{1}{6}bh^2$$

试用结构变形功能函数中的设计截面几何参数——抗变形的截面抵抗矩分析

图 4-166

这里借用后续材料力学课程一个计算公式：

$$W = \frac{1}{6}bh^2$$

式中，W 的物理意义是结构抵抗变形的截面抵抗矩，该值等于构件横截面宽度 b 乘以横截面高度(厚度)的平方再除以 6，这样一比较，图 4-166 中红色箭头示意的横截面与紫色箭头示意的横截面产生的截面抵抗矩确实不一样，紫色箭头示意的截面抗变形的能力就在于它的厚度(高度)远远超过了红色箭头的厚度(高度)，再来一个平方，这就是图 4-165 中下图建模安然无恙的原因。

巨大钢箱梁横截面，大大提高了特大跨度桥梁的抗弯刚度

图 4-167 　　　　　　　　　　　　　　图 4-168

2003 年 6 月 27 日开工，2008 年 6 月 30 日建成通车的苏通特大公路桥，位于江苏东部的南通市和苏州常熟市之间，东距长江入海口 108 km，苏通大桥主跨超过千米，达到 1 088 m，主塔高 300.4 m(见图 4-167)。为防止桥梁在巨大荷载作用下产生过大变形，防止结构失效，除了在上部结构设计了斜拉索对桥梁施加拉力外，梁采用了巨大钢箱梁，其截面如图 4-168 所示。巨大箱梁截面高度无疑提高了梁的抗弯刚度，同时，截面又是空心的，既大大减轻了梁的自重，减少了梁的弯曲变形，还节省了材料。

3. 结构失效(Structural failure)及特征(Feature)

结构失效顾名思义，结构失去了预定功能，失去了原有的效力。当结构失效时，就意味着结构或者构件不能满足上述四项预定功能中至少一项预定要求。特征如下：

(1) 破坏

因承载力不足导致结构或构件发生破坏，如拉断、压屈、弯折。图 4-169、图 4-170、图 4-171 均是因结构承载力不足导致结构或构件发生破坏的情景。

(2) 失稳

整体失稳是近几年钢结构设计和结构安装重要研究课题，要予以重视。钢结构设计因构件长细比(构件长度和截面边长之比)过大，结构设计受力稳定分析计算带来的误差，再加上结构安装、焊接拼装等问题，可能使构件会在作用力不大的情况下，在作用力平面外产生极大变形现象，如柱子压屈、梁在平面外扭曲，失去承载力，使结构整体失稳。

2018 年 5 月 4 日媒体披露福建省莆田一幢在建三层钢结构房屋发生坍塌，造成现场施工人员 5 人死亡，倒塌现场见图 4-172，到处是碎裂的混凝土楼板、扭曲的钢柱钢梁。经现场初步勘察，事故原因是建筑底层受力钢结构柱失稳引起的整体坍塌。

外荷载和间接作用（地震）引起结构断裂破坏

图 4-169

在荷载和间接作用下桥梁连接件失效或下部结构失效引起桥梁坍塌

图 4-170

柱或桥墩压屈破坏，结构失去承载力

图 4-171

图 4-172

　　钢结构整体稳定性分析问题引起国内钢结构专家高度重视。在一份调查报告中，列举了许多这方面的案例，其中有一案例发人深省。某"500 kV 变电站工程"施工过程中，钢结构发生大面积整体失稳，一座高 50 m、宽 30 m 左右包括 5 组 10 根电力线杆的钢结构突然垮塌（见图 4-173）。原因涉及施工方案，结构安装阶段与设计成型不一致，拼装时偏差过大，由于焊缝收缩与焊接次应力关注不够，支撑胎架设计不合理等原因造成结构整体失稳。这些问题都是我们今后学习或在工程实践中要注意的。

某变电站工程钢结构整体失稳大面积垮塌

图 4-173

地下结构设计和施工中,因支护结构设计体系失效,导致地基整体失稳,基坑坍塌,引发诸多工程事故也是要注意的(见图4-174)。

(3)变形过大影响结构正常使用

变形过大是指梁、板的过大挠度或者过宽裂缝,墙柱位移过大,结构倾斜过大等(见图4-175、图4-176、图4-177)。当墙体变形过大时也会导致门、窗使用不畅。所以国家出台各类规范限制构件出现影响正常使用的过大变形、裂缝等。

基坑支护设计体系有误,致使地基失稳,导致基坑坍塌

图4-174

墙面裂缝过大影响正常使用

图4-175

墙面裂缝逐渐扩大影响正常使用

图4-176

路面沉陷过大影响正常使用

图4-177

上海莲花河畔住宅楼整体倒塌

图4-178

(4)倾覆或滑移

指整个结构作为整体而失去平衡从而倾倒或移动的现象(见图4-178)。

(5)结构所用材料丧失耐久性

如混凝土碳化致使钢筋保护层剥离脱落,钢筋外露锈蚀(见图4-179)。混凝土碳化是指混凝土本身含有大量的毛细孔,空气中二氧化碳与混凝土内部的游离氢氧化钙反应生成碳酸钙,造成混凝土膨胀疏松、脱落。碳化后,混凝土的碱度降低,当碳化超过混凝土的保护层时,在水与空气存在的条件下,就会使混凝土失去对钢筋的保护作用,钢筋开始生锈。

值得注意的是,近年来随着工业的增长及城市化进程加快,环境污染、酸雨、汽车尾气对于钢筋混凝土的危害比碳化更为严重(见图4-180)。

结构钢筋锈蚀外露

图4-179

结构因酸雨侵蚀,外表剥落

图4-180

图4-181是东南沿海某高速公路大桥,2002年建成,桥墩因受到海水侵蚀,混凝土大面积脱落,2007年进行了加固维修。

4.4.6 结构设计应追求的目标

在前几节围绕结构设计基本概念,学习了材料与结构设计的关系,学习了拉伸与压缩是结构在外荷载作用下的基本受力特征,学习了结构设计与地基基础的关系,学习了结构设计应达到的四项预定功能,并尝试运用两个功能函数学会分析如何使结构设计满足预定功能要求,并了解了结构一旦失效其五种表现形式。这些内容使我们对构件与结构的关系、结构的生成、结构的具

东南沿海某高速公路大桥于2002年建成,桥墩因受到海水中氯离子侵蚀,混凝土大面积脱落,2007年进行了加固维修

图4-181

体内容有了深层次的认知。结构不是死板的概念,而是活生生的机体。结构是一个在空间和通道中用各种基本构件组合建成的有功能特征的机体,为土木工程设施的持久使用和美观需求服务,为生命财产提供安全保障。具体来说,它是由不同材料制成的各类构件连接而成的整体,是一个有功能特征的机体,是一个有丰富应用价值的载体,是一个被建造的实体。

优质土木工程结构设施是结构设计追求的目标,它应该具备的条件是:

(1)在应用上,要充分满足空间和通道功能要求和绿色生态环保多项功能要求;

(2)在安全上,要完全符合承载、变形、稳定的持久需要;

(3)在造型上,要能够与人文、环境、城市规划和建筑艺术融为一体;

(4)在技术上,要力争体现科学、技术和工程的前卫和新发展;

(5)在建造上,要保证质量、合理用材、节约能源,体现营造技术、施工管理、施工技术现代化。

结构工程师要设计优质的土木工程设施,必须具备上述五个条件,特别是第二个条件,为了结构安全可靠的目的,必须遵循结构设计满足承载力强度条件和控制变形的持久需要,满足结构正常使用条件,即遵循:

结构承受荷载后的内力($\pm N, M, V, M_T$)≤结构承载力

结构承受荷载后的变形(挠度、侧移、沉降)≤变形允许值

上述两个不等式概括为一句话:结构的作用效应(E)不能超过结构抗力(R)。

以上不等式具体内容无论是左边展开还是右边展开,内容都十分丰富。不同结构或构件类型结构设计展开的内容虽有所不同,但本质分析思路是一致的,即结构设计要满足结构安全可靠的强度条件和变形条件,可以说这是完成大学学业土建类专业学习方向的主要内容。有了这样的认识,对后续自觉学习结构设计,用"工程链"的思维方式纵向串联课程之间的关系是大有帮助的。

因此,土建类大学生一定要学好工程力学,打好基础。要学好专业基础课和结构设计相关课程结构设计的基本原理,不仅重视工程技术领域的定量分析和定量计算,还要学会把定性分析问题的方法引入结构设计中,重视概念设计基本理论、基本原理的学习。在当前更要了解和学好各专业前卫计算机设计软件、计算工具等,这是做好结构设计的基本功。同时,还要重视非技术领域的工程素养。为了做出优质的土木工程结构设计,还要把第一章、第二章的学习内容贯穿于今后专业学习和工作实践的始终。因为实现优质土木工程设施的五个基本条件引导我们,专业技术一定要以现代工程为背景,要与工程相结合,工程要与社会、人文、环境、经济、管理、法律等相结合,要提高综合素质。土建类大学生学习工程技术要用大工程观的视野,打破专业壁垒,实施学科交叉,要把做合格的结构工程师的理想化为具体的实际行动。做好结构设计,要把工程图纸建造变为实体,必须眼睛向下,要到现场调查研究,做到"不耻下问"。不要完全迷信计算机绘制的"线条"和出图数据,把做设计和做工程尽快熟悉结合起来,熟悉工程环境。没有吃苦耐劳,没有务实肯干的脚踏实地的工程态度,是做不好工程师,干不了工程的。

学习思考题

1. 如何理解土木工程材料在工程设施建设中的重要性?

2. 为什么说土木工程的发展与材料的发展有密切关系?请举例说明。

3. 工程设施对工程材料有哪些基本功能要求?

4. 按材料在工程设施部位起的作用和功能,可将材料分为哪些类型?

5. 什么是混凝土?有什么特点?C_{30}是什么意思?

6. 什么是砌体?砌体与砌体结构是一个概念吗?为什么?

7. 为什么说钢材、混凝土、木材、砌体是土木工程设施最重要和最大宗的材料?

8. 钢材与混凝土复合而成的材料有什么特点?请举例说明。

9. 市政工程管道工程对材料有什么要求?按材质分,管道有哪些类型?

10. 学习要利用信息技术,请同学们利用互联网做些调查研究(搜索的案例要有时间、地点、内容、权威性的结论),再加上教材提到的案例,深思自己从这些由工程材料问题引发的工程事故中受到什么启发?应引以为戒的教训是什么?

11. 土建类力学基本知识学习了三组基本概念,是哪三组?

12. 什么是外力?什么是内力?什么是荷载?如何区别?请举例说明。

13. 什么是平衡?学习这一概念对于分析工程问题的稳定性有什么启示?

14. 荷载有几种类型？什么是恒载？什么是活荷载？活荷载有哪些类型？请举例说明。

15. 什么是荷载传递？荷载传递路径的终端是哪里？

16. 在考虑引起土木工程设施产生内力和变形时为什么引入间接作用的概念？它与直接作用有什么区别？间接作用在土木工程设施上的作用类型有哪几种？

17. 荷载和作用是不是一个概念？为什么？

18. 什么是构件？什么是结构？两者是什么关系？请举例说明。

19. 根据构件在工程设施中使用的广泛程度排序，都有哪些构件？通过学习你熟悉了多少构件？这些构件哪些是线形构件？哪些是曲线形构件？哪些是平面构件？哪些是曲面构件？桁架和网架是由什么构件制作的？桁架中的上弦杆与下弦杆受力有什么特点？

图示厂房结构是什么结构？几跨？几层？是什么材料做的？屋梁与柱的连接处是什么节点？

20. 柱子是重要的承重构件，在板、梁、柱荷载传递路线中，为什么称柱子是顶梁柱？在框架结构中柱子被称为什么？在厂房排架结构中柱子被称为什么？你对工程前辈茅以升描述柱子那段话是怎样理解的？

21. 基本构件构建成的土木工程设施结构是丰富多彩的，你对此是怎样理解的？

22. 什么是砖混结构？什么是剪力墙结构？砖混结构与剪力墙结构都属于墙体结构，如何区分？装修房屋时，哪一种可以根据业主喜好拆掉？为什么？什么墙不准动？

23. 什么是框架结构？框架结构有两种结构形式即刚架、排架，从梁柱连接处或屋梁与柱连接处的构造做法如何区分刚架与排架？试分析回答图示厂房结构是什么结构？几跨？几层？是什么材料做的？屋梁与柱的连接处是什么结点？

24. 什么是拱构件？它的主要受力特点是什么？用石块砌成的拱桥为什么比同样材料建成的梁式桥跨度要大？

25. 什么是膜构件？膜结构有哪些类型？膜结构有什么特点？

26. 什么是壳构件？受力性能有什么特点？为什么可以利用壳面做成跨度大、无梁无柱、承载力高的空间结构？罗马小体育宫屋盖系统是著名的网壳结构，是用什么材料做的？有什么特点？

27. 构件与构件连接成结构，工程中常用的连接方式有哪些？混凝土构件连接方式有哪些？钢构件连接方式有哪些？为什么装配式预制构件连接方式有很好的发展前景？

28. 结构设计与工程材料选择有什么关系？

29. 为什么说结构受力的基本特征是拉伸和压缩？同一横截面 A、同一长度 L 的钢拉杆和木拉杆，在受拉破坏前哪个能够承受的拉力 F 更大些？在同样的拉力作用下，哪个被拉伸的长度更长些？试用已学过的力学原理加以分析说明。

30. 土木工程设施上部结构与下部结构是怎样分界的？什么是基础？什么是地基？地基与基础是不是一个概念？两者如何区分？

31. 地基和地层是不是一个概念？如何区分？

32. 什么是浅基础？什么是深基础？浅基础的结构类型有哪些？深基础的结构类型有

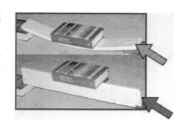

哪些？为什么不能将房屋、桥梁的柱、墙直接搁置在地面上或土层上，必须通过基础？

33. 写出结构分析两个功能函数的表达形式，试说明两个功能函数涉及的变量及其物理意义。

34. 试用功能函数分析右图中示意的结构失效的原因。纠正方案除图中示意的方案外，运用两个功能函数分析，还可以有什么治理方法？

35. 什么叫结构失效？在工程实践中结构失效有哪些具体表现形式？请结合书中和互联网调查到的案例加以说明。

36. 用自己熟悉的语言说明构件与结构的关系。你现在怎样认识结构？

37. 优质的结构设计应具备哪些条件？有志成为结构工程师的大学生从现在开始应如何创造和实现这些条件？

5 部分土建工程设施简介

本章学习内容主要涉及土建类专业常见的主要工程设施(Engineering Facilities)有关基本概念和发展情况。这里主要介绍与新时代生态文明建设密切相关的城镇化基础设施建设的建筑工程、桥梁工程、给排水工程等专业基础知识,及其目前状况、今后发展方向等,为后续学习各专业课程打下必要的基础,也为深入学习打开思路。至于其他土木工程设施,考虑到各专业在《土木工程概论》之后又安排了各自专业的"概论"课,如《路基路面工程概论》《铁路工程概论》《隧道工程概论》《水工程概论》《港口工程概论》《工程管理概论》《工程造价概论》等,这些"概论"课对各专业学习内容和发展方向都有较为详细、准确的阐述,这里就不一一列专题介绍了。本教材的学习内容,希望能给土建类各专业大学生提供最基本的基础知识、学习与分析各类工程问题的思路和方法。考虑到《土木工程概论》课程学习的定位和性质,学习内容不应该是土木工程各专业方向全部学习内容的"浓缩本",学习方向也不应该是土木工程各专业全部学习方向的"压缩饼干",而是要切实把土建类各专业要求的材料、力学、结构及设计等最基本概念学好。

5.1 建筑工程设施认知

这一节主要学习三个内容:建筑工程定义及主要建造程序;建筑工程主要分类;特种结构。其中第二个内容有关分类方法、基本概念及识别在前几章已介绍过,这里只简单介绍,不再详细展开。

5.1.1 概述

建筑工程俗称房建工程。它是营造房屋的规划、勘察、设计和施工的总称,这四个方面的内容构成建筑工程有机的整体,缺一不可。目的是为满足人民日益增长的美好生活需要,在保证生活质量或生活舒适度的前提下,最大限度地节约能源消耗,为人类生产与生活提供空间。房建工程不再只是"建筑就是营造遮风避雨的空间"了(见图5-1)。

人们对房屋的基本要求是:实用、美观、经济(见

图 5-1

图 5-2）。

| 图 5-2 | 图 5-3 |

房建工程首先应当满足实用要求。实用是功能性的,是指房屋要有舒适的环境,宽敞的空间,合理的布局;要有坚实可靠的结构;要有先进、优质和方便的使用设施(见图 5-3)。

房建工程是在城市和区域规划基础上建设的,是建设单位、勘察单位、设计单位和施工单位全面协调合作的建设过程,也是规划师、建筑师、结构工程师、建造师、设备工程师相互沟通、配合的产物。这里以"人"作比,分析建造房屋的过程。规划师为"人"居住提供了生活环境;建筑设计师勾画人的"颜值"(建筑造型)、穿着打扮(装修设计);结构工程师则按照要求给"人"设计强壮的骨骼(结构设计);建造师根据结构设计的骨骼外形、骨骼连接方式及其材料负责建造;电器工程师为它布置神经系统(电路网络);给排水工程师则安排好遍布"人"全身的血管(分布于建筑中的给排水管网)。正是以上各类土建工程师通力配合,相互协作,才建成了完整、有机的房建工程。这个建设过

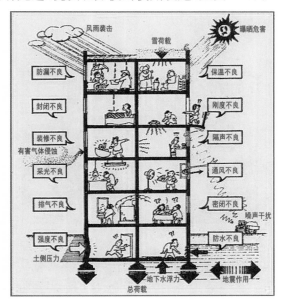

图 5-4

程如果哪个环节衔接出现了问题,就会出现如图 5-4 漫画示意的房屋建设质量通病,出现房屋失去预定功能、结构失效甚至倒塌等问题,在前几章学习中已列举了不少这方面的例子。这就要求建造房屋土建的各种类型工程师在专业技术知识层面要融会贯通,相互配合,要打破狭隘专业思维,拓宽专业知识面,要有团队合作精神。

建筑工程设计过程大体经历了三个阶段:

第一阶段为初步设计阶段,即根据建设单位提出的使用要求完成下述工作:

- 初步设计构思;
- 明确各种功能要求;
- 形成总体设计方案。

第二阶段为施工图阶段,包括:

• 处理协调各设计工种的技术问题;

• 进行各设计工种的细部设计;

• 绘制施工图,书写设计说明,完成总体设计。

施工图是工程师的语言,在学校就要养成工程师严谨、一丝不苟的工作态度,严格按照国家规定的制图标准,绘制各专业方向的施工图(见图5-5)。

第三阶段为施工阶段(见图5-6、图5-7),包括:

• 将施工图和设计说明书交付施工单位,设计人员向施工人员交底,同时进行工程监理;

• 竣工,房屋落成;

• 交付使用。

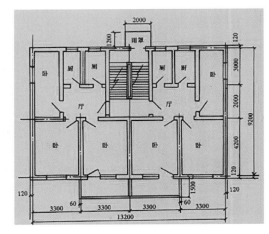

图 5-5

图 5-6

学好《工程测量》,识读地形图,学会现场施工放线

图 5-7

房屋建筑就专业技术层面涉及工程中的勘察、结构设计和施工等多个领域,在实际工作中不可避免地要面对和解决下述实际问题:

• 要弄清房屋所在位置土地表面形状,即地形;

• 要了解房屋所在位置地面以下的土质地层情况,即地基;

• 要清楚房屋所经受的自然界和人为的作用力,即荷载;

• 要熟悉建造房屋所采用的原材料,即工程材料;

• 要懂得房屋结构的组成,即结构的构件、受力和失效;

• 要清楚房屋工程的建筑物与构筑物有哪些结构形式,建筑工程有哪些类别,其中房屋的结构又有哪些基本结构体系。

这些问题涉及的有关基本概念如材料、荷载、作用、构件与结构、地基与基础、上部结构与下部结构关系等已在第4章做了较为详细的介绍,掌握了这些基本概念后,对后续课程中《工程测量》《工程地质》《水文地质》《工程材料》《工程力学》《工程结构》等系统深入学习是很有帮助的,希望同学们在学习中瞄准这六个方面的工程实际问题,结合新时代国家坚持

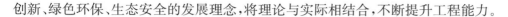

创新、绿色环保、生态安全的发展理念,将理论与实际相结合,不断提升工程能力。

5.1.2　建筑工程类别

房屋建筑工程的类别有多种分法:可按房屋的使用性质分;可按房屋结构所采用的材料分;也可按房屋主体结构的形式和受力系统(结构体系)分。

建筑师习惯于第一种分类方法,结构工程师和施工工程师习惯于后两种,尤其是第三种分类方法。

(1)按建筑物的使用性质及用途可分为三类:民用建筑(Civil Architecture)、工业建筑(Industrial Building)和农业建筑(Agriculture Building)。

民用建筑按用途又可分为居住建筑(Residential Building)、公共建筑(Public Building)、商业建筑(Commercial Building)、观演建筑(Theatrical Building)和文教卫生建筑(Cultural,Educational and Health Building)。

(2)按房屋结构采用的材料可分为:生土结构(Raw Soil Structure)、木结构(Timber Structure)、砌体结构(Masonry Structure)、钢筋混凝土结构(Reinforced Concrete Structure)、钢—混凝土组合结构(Steel-Concrete Composite Structure)、钢结构(Steel Structure)、张拉整体结构(Tensegrity Structure)和膜结构(Membrane Structure)等。

(3)按结构体系可分为:承重墙结构(Bearing Wall Structure)、板—柱体系(Slab-Column System)、框架结构(Frame Structure)、筒体结构(Tube Structure)、错列桁架结构(Staggered Truss Structure)、拱结构(Arch Structure)、壳体结构(Shell Structure)、折板结构(Folded Plate Structure)、网架结构(Spatial Grid Structure)、悬挂式结构(Suspension Structure)、巨型桁架和巨型框架结构(Giant Truss System and Mega Frame Structure)。

以上是建筑工程类别的三种分类方法。关于建筑工程类别的第一种分法,在第一章为了让同学们尽快熟悉工程,在介绍土木工程设施中的建筑工程时,有意把识别建筑工程分类的一部分内容做了介绍,引导同学们从最贴近日常生活的各类建筑工程中,结合实际认知,即如何按照建筑的功能及用途分类,顺带解决了两个与识别建筑物类别密切相关的知识点:一个是如何根据建筑物的层数、高度划分房屋类型,界定低层、多层、中层、高层、超高层的分类,一个是在众多房屋建筑类型中识别什么是建筑物,什么是构筑物,如何区分建筑物与构筑物。关于后两种分法,如何按材料和结构体系认识房屋建筑的类别,通过第四章构件与结构的关系等内容并结合最新案例的学习,引导同学们从抓构件基本概念学习入手,认识了九种基本构件的几何形状和受力特征,了解到结构再复杂,再庞大,也是由不同材料制成的基本构件连接而成。

5.1.3　房建结构类型

1　生土结构

(1)定义

生土结构是利用自然界原土作为主要承重材料的建筑物,即原生生态建筑(见图5-8)。

图 5-8

图 5-9

（2）分类

生土建筑按材料、结构和建造工艺区分，有黄土窑洞、土坯窑洞、土坯建筑、夯土墙或草泥踩墙建筑、各种覆土建筑以及夯土的大体积结构建筑。按照建筑方式和使用功能区分，则有窑洞民居、其他生土建筑民居和以生土材料建造的公共建筑等。由于受不同地区不同环境的影响，各地区的生土建筑在建筑结构和建筑艺术上也各有特点。图 5-9、图 5-10，图 5-11 显示了西藏、新疆、黄土高原等地，因地区、环境、人文、习俗等因素影响，其生土建筑民居风格各异。

图 5-10

图 5-11

生土建筑不仅可建成住宅建筑，也可建成公共建筑。图 5-12 是位于加拿大英属哥伦比亚省奥索尤斯的 NK'Mip 沙漠文化中心（Desert Cultural Centre），建筑的外观由一面 80 m 长、5.5 m 高、0.6 m 厚的夯土墙构成，它是北美洲最大的夯土墙。与一般的实体夯土墙不同，它是夯土夹心墙，内外两侧的墙体都是 250 mm 厚的土，中间夹着 100 mm 的保温材料。建筑师使用当地的土壤，并混入少量水泥和几种颜色添加剂，逐层将不同颜色的土壤混合物夯实到原来体积的 50%，创造出层次鲜明、色彩丰富、仿佛地质沉积作用般的夯土墙纹理。不规则的彩色条纹反映出手工制作的痕迹，而墙体清晰的棱角和鲜明的几何形状又体现出了很强的控制力。

图 5-12

美国 Amangirl 酒店位于犹他州和亚利桑那州交界的峡谷区域,项目周边环境包含美国西南部常见的平顶山地形。酒店占地 243 hm²,拥有 34 个套房,各自提供不同的视野景致。此外还有休息室、泳池、健身房、图书馆、艺术馆、私人餐区等设施。整体设计融入了雄浑的沙漠景观(见图 5-13)。

美国Amangirl酒店生态建筑

图 5-13

(3)生土建筑结构类型是房建发展方向

近些年来,生土建筑在国内外越来越多地进入人们的视线,越来越引起人们的重视,这是因为和其他建筑类型相比,生土建筑有极其鲜明的特点,受到人们喜爱,这些特点是:

① 亲近自然。生土建筑大多是就地取材,能适应不同地形条件,既可建于平坦地面,也可在斜坡上开挖建造。以"生土"为建筑材料的建筑在建筑艺术上更亲近于大自然,并且生土建筑也有利于环境保护和生态平衡,体现了人与大自然和谐共生的特点。

② 施工简单。生土建筑在施工上很方便,在技术上要求也不高,但建筑形式可以多样。可在当地依山而建,也可就地开挖洞穴和地坑,还可采用土坯和夯筑的建造方式,并不需要复杂的设计。如分布在黄土高原的窑洞主要是在天然土石中开凿的拱形洞室,土屋是用草泥加水做成土坯砌墙的建筑。夯土建筑技术被中国北方称为"干打垒",是用生土掺入细沙等,把土填入侧模之间,再加以夯打而成。

③ 节省能源。生土建筑大都采用"生土"作为主要建筑材料,而以生土为材料的建筑拆除后还可以作为肥料回归土地。另外,生土建筑节省了大量烧砖的燃料,并在能源回收方面占有很大优势,大大降低了能源消耗。图 5-14 示意分布在河南省西部的下沉式窑洞(在半丘陵山区平坦的地上挖出天井式深坑,沿坑壁开凿窑洞),窑洞顶上可做晒台、麦场,不占耕地。

河南西部在半丘陵地形建造的下沉式窑洞住宅,窑洞顶做晒台、麦场,不占耕地

图 5-14

④ 造价低廉。生土建筑大都使用生土资源,减少了建筑的成本。据统计,中国的黄土窑洞造价约为一般地面建筑的十分之一,而生土建筑的投资仅为地面砖房的五分之一。用生土代替水泥砖瓦,用竹片、木条代替钢筋,这样的生土建筑,不失为可供建筑师们借鉴的建筑形式。

⑤ 冬暖夏凉。生土建筑的物理特征是它的隔热效果好。生土最大的优点是导热系数小和热稳定性好。夏季天气炎热,白天生土吸收了大量的热量,但由于生土的导热系数小,

使得室内的温度明显低于室外,到了夜间热量慢慢扩散,使室温又不会太低;同样的道理,在冬季生土建筑的室内温度也不会过低。

⑥ 健康舒适。研究表明,生土保温隔热的特性使厚重的生土墙体大大减轻了外界气候对室内环境的影响,并且生土的隔音效果也很好,它的防火性能也远远强于砖木建筑,这样的生土建筑给室内营造了一个安静、舒适、健康、安全的居住环境。

图 5-15

总之,生土建筑可就地取材,造价低廉,生土可塑性好,容易成型,施工灵活,便于操作。生土建筑最大的特点是使居住环境融入自然。生土建筑在我国历史悠久,目前是保护环境、维持生态平衡最好的建筑类型(见图 5-15)。现在国内很多私人住宅、别墅,以及外企投资者建房都青睐于这类复古并加以创新的建筑形式。

2　钢—混凝土组合结构

(1)定义

钢—混凝土组合结构是采用型钢、钢板等代替传统钢筋与混凝土混合浇筑的一种新型结构(见图 5-16)。

图 5-16

这种新型结构,是钢和混凝土两种材料的合理组合,更加充分地发挥出钢材抗拉强度高、塑性好和混凝土抗压性能好的优点,弥补彼此各自的缺点。钢—混凝土组合这种新型结构多用于中、高层建筑中的楼面梁、桁架、板、柱,屋盖结构中的屋面板、梁、桁架,厂房结构中的柱、吊车梁及工作平台梁、板以及大跨度桥梁。在我国,近几年用钢—混凝土组合结构建造的特大桥举不胜举,前面的有关章节已列举了几个,展示了我国桥梁工程采用这种新型结构建造技术的最新成就。

2018 年 7 月 31 日,在我国贵州黔西鸭池河,采用这种新型结构形式建造了世界上跨度最大的中承式钢—混凝土组合结构提篮式拱桥,主跨 436 m,图 5-17 中显示主梁成功合龙。所谓中承式,是指桥面从桥拱结构中间穿越。所谓提篮式,是指拱结构传力路径为桁架拱—系杆—桥面横梁的连接,因桥身内倾形似提篮。

钢—混凝土组合结构有组合梁、组合板、组合桁架和组合柱四大类。

贵州黔西鸭池河特大桥是世界上跨度最大的中承式钢—混凝土组合结构提篮式拱桥,主跨436 m,2018年7月31日主梁成功合龙。中承式是指桥面从桥拱结构中间穿越。提篮式是指拱结构传力路径为桁架拱—系杆—桥面横梁的连接,因桥身内倾形似提篮

图 5-17

（2）评价及发展前景

与钢结构、钢筋混凝土结构比较,钢—混凝土组合结构的优点有:

① 承载能力大、刚度高。由于钢骨和混凝土直接承受荷载,使混凝土增大了构件截面刚度,可防止在外荷载作用下钢骨的局部屈曲。这样钢骨部分的承载力不仅得到了提高,同时因为钢骨的约束作用,使被钢骨围绕的核心区混凝土的强度也得以提高,从而使构件和结构的材料强度得到充分发挥,承载力大大提高。

② 抗震性能好。由于钢—混凝土结构不受含钢率限制,其承载力比相同截面的钢筋混凝土结构高出一倍还多。与钢筋混凝土结构相比,钢骨混凝土结构尤其是实腹式钢骨混凝土结构由于钢骨架的存在,具有较大的延性和变形能力,显示出良好的抗震性能。

③ 经济效益好。与钢结构相比,钢—混凝土结构用钢量大幅度减少,在承载相当的情况下一般可节省钢材 50% 左右,造价可降低 10%～40%;与钢筋混凝土结构相比,可节省60% 左右的混凝土,并减小了构件的截面尺寸,增加了使用面积和层高,避免形成"肥梁胖柱",减轻了结构自重,也就减轻了施加于地基的压力,降低了基础工程费用。

④ 施工程序简便。由于结构承重体系钢材料选用的是型钢、钢板,有利于装配化施工。

⑤ 耐火性和抗腐蚀性好。与钢结构和混凝土结构相比,耐火性和抗腐蚀性好的优点是显而易见的。

总之,钢—混凝土组合结构是在钢结构和钢筋混凝土结构基础上,逐步发展起来的一种新型结构,很大程度上利用了钢结构和混凝土结构各自的优势。目前钢—混凝土组合结构在建筑工程、地下建筑、桥梁工程、港口工程等工程应用领域得到重视,并稳步向前发展。随着高强度材料不断被研发,以后还将出现新的组合结构。就目前土木工程行业来说,从经济、实用的角度来看,型钢与混凝土之间的协调、组合在建筑业中很有市场,具有广阔的应用发展前景。

5.1.4　特种结构

1. 定义

特种结构(Special structure)也称特种构筑物,以示和建筑物区别开来。如何区分建筑物与构筑物? 主要是看建造的建筑工程设施是直接为人类的生产或生活服务还是间接服务。当然随着时代的进步,现在有些构筑物极具时代感,兼顾了人们旅游观光的需要,但主要功能还是从属于自己的特殊用途,间接为人类的生产和社会需要服务。在土木工程各类工程设施中,特种结构是指具有特种用途的工程结构,包括高耸结构如电视塔、烟囱、输电塔、水塔等,海洋工程结构如灯塔、钻井石油平台等,市政工程结构如各种城市地下管道、城市管廊、深基坑支护结构、挡土墙等,容器结构如水池、各类筒仓等,还有纪念性建筑物。上述这些结构类型是房屋、地下建筑、桥梁、隧道、水工建筑物等土木工程主要设施之外的具有特殊专门用途的工程结构。

2. 特种结构的主要类型

其实,万变不离其宗,特种结构还是由前面已学过的材料(砌体、混凝土、钢)和基本构件(板、梁、柱、杆等)按特殊用途、目的连接而建造的工程结构。特种结构的五大类型,即高耸结构、海洋工程结构、市政工程结构、容器结构、纪念性建筑分别介绍如下:

（1）高耸结构（High Rise Structure）

高耸结构指的是高度较大，横断面相对较小的结构，以水平荷载（特别是风荷载）为结构设计的主要依据。根据其结构形式可分为自立式塔式结构和拉线式桅式结构，所以高耸结构也称塔桅结构，有输电塔、烟囱、电视塔、水塔等。

输电塔（Power Transmission Tower）为高耸构筑物，是架空线路的支撑点。对倾斜变形非常敏感，对地基不均匀沉降要求也高。输电塔常用的基础有独立基础、扩大基础和桩基础，输电塔主要采用钢结构（见图 5-18）。

图 5-18

图 5-19

烟囱（Chimney）的主要作用是拔火拔烟，排走烟气，改善燃烧条件（见图 5-19）。当前要从源头治理大气环境污染，使烟气排放污染物达到环境排放标准。

电视塔（Television Tower）是专为架设电视广播发射天线的塔形建筑物，结构属于筒体悬臂结构或空间框架结构，由塔基、塔座、塔身、塔楼及桅杆等五部分组成。图 5-20 是广州电视塔，塔高 610 m（包括天线桅杆），是一座除具备电视塔功能外，还兼顾观光旅游的综合性设施。

图 5-20

图 5-21

水塔（Water Tower）是用于储水和配水的高耸结构，用来保持和调节城市给水管网中的水量和水压，主要由水柜、基础和连接两者的支筒或支架组成。在工业与民用建筑中，水塔是一种比较常见而又特殊的构筑物。图 5-21 示意马尔默水塔。马尔默是瑞典第三大城市，该水塔储水容量为 10 000 m³，是世界上储水容量最大的水塔，顶上设有旋转餐厅。

科威特是严重缺乏淡水的国家,现有六座海水淡化厂,所生产淡水足够满足居民生活用水和工业用水需求。图5-22中的水塔建于1997年,高187 m,塔身距地面80 m处有一个大球体,下部储水(水柜)容量可达4 500 m³,上部为餐厅,再上距地面120 m处有一个观光小球体,可俯瞰周围景色。这些水塔构筑物成了科威特的标志性建筑。

图 5-22

(2)海洋工程结构(Offshore Engineering Structure)

海洋工程结构是在近海区域设置或建造的工程构筑物。例如海洋石油钻井平台、海洋观察站、海上导航灯塔、海底管线等。海洋石油钻井平台(Offshore oil drilling platform)是主要用于钻探井的海上结构物,分为两类,一类是固定式钻井平台,另一类是移动式钻井平台(见图5-23)。它一般由上部结构(平台)、立柱、基础(或沉垫)三部分组成。平台常采用钢结构,立柱采用钢结构或钢筋混凝土结构,基础多为采用钢筋混凝土材料做成的圆筒形舱室组成的大沉垫。

海洋钻井平台几种结构型式。自左向右,第一种是固定式钻井平台,后几种是移动式钻井平台

图 5-23

① 工作平台。它用于放置钻井设备,提供作业场所以及工作人员生活场所。

② 立柱。它用于支撑平台,连接平台与沉垫。

③ 沉垫(下船体)。它是一个浮箱结构,有许多各自独立的舱室。每个舱室都装有供水泵和排水泵,通过充水排气及排水充气来实现平台的升降。

④ 锚泊系统。它用于给平台定位,把它限定在一定范围内,以满足钻井工作的要求。特点是稳定性好、运移性好、适用水深、经济性好。

图5-24中,世界著名的挪威Troll油气钻井平台属于立柱稳定式(半潜式)钻井平台,其结构组成分为四个部分:

平台、立柱、基础连接示意

挪威Troll油气钻井平台属于立柱稳定式(半潜式)钻井平台

图 5-24

灯塔(Lighthouse)是高塔形构筑物,由灯具与塔身构成。塔身可由各种建筑材料构筑,主要是要适应和抵抗风浪等恶劣的自然条件,以保持自身的稳定性和耐久性。塔顶装置灯光设备——灯塔的位置应显要,并注意其应该有特定的建筑造型,易于船舶分辨;同时塔身须有充分的高度以满足灯光的射程要求,使灯光成为港口最高点之一,能为远距离的航船所察见,一般视距为15~25海里(约28~46 km)(见图5-25)。

（3）与市政工程设施（Municipal Facilities)有关的工程结构

这类工程结构主要是指市政管道(Unban Pipeline)构筑物。

城市地下管线是指城市范围内供水、排水、燃气、供热、电力、通信、广播、电视、工业等管线及其附属设施，是城市重要的基础工程设施。

灯塔是海上塔形构筑物

图 5-25

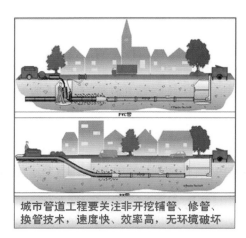

城市管道工程要关注非开挖铺管、修管、换管技术，速度快、效率高、无环境破坏

图 5-26

城市管廊工程既属于城市地下结构，也属于特种结构

图 5-27

随着城市建设的发展，市政工程基础设施改造工程项目内容不断更新、完善。管道施工一般情况下铺管、换管、修管需要开挖，现在非开挖铺管、修管、换管工程技术项目越来越多，这种新技术因工作效率高，环保，不影响路面交通和扰民受到业内人士青睐，应当引起土建类大学生的关注和重视(见图 5-26)。

城市地下管线的发展，必然引起城市地下各类管线的集合，打破行业的各自为政，共同管理，这就是城市管廊(见图 5-27)。

城市管廊即城市地下管道综合走廊，也称共同沟，就是在城市地下建造一个隧道空间，将城市电力、通信、燃气、供热、给排水等各种工程管线集于一体，实施统一规划、统一设计、统一建设和管理。这是城市各类地下管道发展的必然趋势，是保障城市运行的重要基础设施和"生命线"。管廊截面既可做成如图 5-28 所示的矩形，也可根据设计要求做成如图 5-29 所示的圆形、异形等不同形状。

图 5-28

图 5-29

（4）容器结构（Container Structure）

容器结构是指储存气体、液体或松散固体的构筑物。常见的容器结构有筒仓（Silo）、水池（Pool）、储油罐（Storage Tanks）和储气罐（Gasholder）等构筑物（见图5-30）。

图 5-30

容器结构设计荷载统计除考虑自重外，主要考虑所储介质的压力，此外还须考虑其他因素的影响。体积较大的容器结构具有占地广、荷载大而且有时加荷不均匀、加载速率大等特点，因此，对地基有较高的要求，须避免产生不均匀沉降，以防容器变形或破裂。在软弱地基上建造大中型容器结构时，必须对地基进行适当处理，并在使用初期做好调研，控制加载速率，以免地基发生剪切破坏。

（5）纪念性建筑（Monuments）

纪念性建筑是用于纪念重大历史事件或重要历史人物，以及在有历史或自然特征的地方营造的建筑或建筑艺术品，也可作为城市的标志性建筑。这类建筑多具有思想性、永久性和艺术性，如纪念碑、建筑艺术品等。

位于天安门广场南侧的人民英雄纪念碑是我国近代历史上具有重要政治意义的纪念性建筑，由著名建筑师梁思成设计，建于1956年。纪念碑与周围建筑达到和谐有机的统一。基座四周雕刻着中国近代历史上的重大事件，以丰富深刻的历史内容，完美的艺术形象使人民英雄纪念碑的历史性和艺术性达到了统一（见图5-31）。

世界最高的纪念性建筑是美国圣路易杰弗逊纪念拱门（Gateway Arch），建于1965年，拱门为钢结构,外表为不锈钢板,拱高与跨度均为 190 多米,呈抛物线形,简洁明快,在阳光下闪闪发光(见图 5-32)。它以现代的豪迈造型表达了美国西部疆域开发的历史意义。

北京天安门广场人民英雄纪念碑

图 5-31

世界最高纪念碑——美国圣路易杰弗逊纪念拱门

图 5-32

5.2 桥梁工程设施认知

本节主要介绍桥梁工程基本概念、发展简况、基本组成及其工程分类,为以后土建类各专业学习方向的知识融合、专业知识的拓宽打下基础。

5.2.1 概述

(1)定义

桥梁是指供公路、城市道路、铁路、渠道、管线等跨越水体、山谷或彼此间相互跨越的工程构筑物,是交通运输中重要的组成部分。

桥梁工程设计与建筑工程设计一样,要遵循"安全、经济、美观"的原则。"建筑是凝固的音乐",桥梁工程同样如此。桥梁是一座立体的造型艺术,是具有时代特征的景观工程(见图 5-33)。

雄伟壮观的港珠澳跨海大桥

图 5-33

20世纪最美桥梁

图 5-34

瑞士萨尔基那山谷桥(见图 5-34),被誉为 20 世纪最美桥梁,由土木工程师罗伯特·梅拉尔特于 1930 年设计建造,位于格里桑斯的 Schiers 和 Schuders 之间,跨越大伏斯—阿尔卑斯山萨尔基那峡谷,是一座很经济的混凝土镰刀形上承式三铰拱桥,跨径 90 m。建筑师们说:"这是真正的艺术和桥梁结合的精品。"

法国米洛大桥横跨塔恩河,桥面高 270 m,悬臂支柱最高处达 343 m,甚至比巴黎埃菲尔铁塔还高(见图 5-35)。"要让大桥看上去精巧到令人难以置信的程度",建筑大师福斯特爵士疯狂的理念使米洛大桥获得了 21 世纪人类建筑奇观的"桥梁之母"的称号。

精巧壮观、难以置信的法国米洛公路大桥,桥型为斜拉桥,跨越险峻的山谷、河流

图 5-35

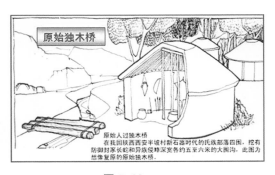

武汉长江大桥是新中国成立后在长江修建的第一座公铁两用桥,是武汉的标志性建筑,是武汉的城市名片

图 5-36

有许多城市或国家的标志、象征和名片是一座桥梁(见图 5-36)。

(2) 桥史简况

桥梁的原始雏形是堤梁(在浅滩溪涧中筑起一个个石堤,堤间流水,人从石堤上跨越,见图 5-37),之后有独木桥(见图 5-38)、浮桥(见图 5-39)、石拱桥(见图 5-40)。

堤梁

图 5-37

原始独木桥

原始人过独木桥

在我国陕西西安半坡村新石器时代的氏族部落四周,挖有防御封家长沟和异族侵略壕深宽各约五至六米的大围沟,此图为想像复原的原始独木桥。

图 5-38

桥梁作为跨越障碍的重要构筑物非常方便。古时候,人们在崇山峻岭中要跨越河流障碍,在当时条件下,为了克服险阻发明了栈道。古时栈道是用随身的一块块木弋插在峭壁上事先凿好的方形孔洞里,行人在木弋的插拔交替中,跨越绝壁(见图 5-41)。"蜀道之难,难于上青天"就是古代人在工程技术落后情况下,交通不便的真实写照。

桥梁不仅可以作为交通通道,也可以作为引水通道(引水渠)。古代,这样的特殊桥梁称为渡槽。

图 5-39

图 5-40

图 5-41

其中一个著名的工程是法国嘎尔输水桥(Pont-du-Gard Water Conveying Bridge)建于公元前 19 年,因为坐落在尼姆城东北郊外的嘎尔河上,所以又称尼姆水槽或嘎尔渡槽。嘎尔渡槽是世界上现存最大的古罗马引水渠,也是如今世界上最高的高架引水桥(见图 5-42)。

1985 年,嘎尔桥被列为联合国教科文组织的文化遗产。该桥桥长 275 m,高 48.8 m,由上下三层石灰石拱券组成。下层 6 个拱,中层 11 个拱,上层 36

图 5-42

个拱支承着输水槽。下层是人行桥,上层小拱平均跨径 4.8 m,水槽宽 1.22 m,顶面覆盖石板。

2014 年 2 月被誉为世界第一渡槽的我国南水北调中线工程——沙河渡槽正式运营,渡槽全长 9 000 多米,单槽重量达 1 200 t,U 型结构的槽身最大高度 9.6 m,远大于一般桥的箱梁高度(见图 5-43)。

(3)发展前景

桥梁工程的发展体现着时代的文明与进步、一个国家或一个地域的工程水平和经济发展状况。在城市建设中,桥梁是道路和铁路交通发展的关键;在道路和铁路工程建设中,桥梁是工程的咽喉。

世界第一渡槽——南水北调中线沙河渡槽，全长9 000多米　　U型渡槽身高9.6 m，远大于一般桥的箱梁高度

图 5-43

　　1991 年正式完工通行的上海南浦大桥建于改革开放初期，是上海市区第一座跨越黄浦江的大桥，大桥建成本身就是上海经济腾飞的标志，是那个时代的缩影（见图 5-44）。大桥桥型是双塔双索面斜拉桥，主塔高 154 m，是 H 型钢筋混凝土结构，主桥长 846 m，主跨 423 m，桥全长 8 346 m。大桥的引桥因建设空间不够，被设计成螺旋状，造型独特，世界罕见。螺旋式匝道直径 260 m，从地面到主桥桥面实现垂直爬坡约 33 m 的高度，实现了立体式节地（见图 5-45）。

图 5-44

南浦大桥建成至今虽然已过去了近 30 年，但是在世界上的知名度和营造技术魅力产生的影响仍然不减当年，许多外国人都称它是中国最美丽的大桥。

　　在桥梁工程方面，目前，我国攻克了一个又一个世界级难题，创造和书写了一个又一个基建奇迹，无论是桥梁设计水平还是建造技术都引起了世人的瞩目和惊叹。建桥技术在许多领域不仅引领世界，而且也走出国门，特别是在"一带一路"沿线国家的基础设施建设中留下了许多"中国名片"，显示出大国担当、大国风范。2014 年 12 月 18 日，我国在塞尔维亚援建的泽蒙—博尔察大桥（The Ze-mun-Borca Bridge）顺利通车，这是中国在欧洲修建的第一座大桥（见图 5-46）。

上海南浦大桥为螺旋形引桥，引桥直径260 m，造型世界罕见，从地面到桥面实现垂直上升33 m，实现了立体式节地

图 5-45

　　大桥横跨美丽的多瑙河，全长 1 499 m，桥型是预应力混凝土连续梁桥，主跨 172 m。它的意义不仅限于塞尔维亚，还深刻反映了我国倡导并引领实施的"一带一路"基础设施与建设合作，在中东欧诸多国家已经产生积极影响，"一带一路"，合作共赢，在沿线各国深深扎根。我国桥梁工程的发展无论是在国内还是在国外，前景极为广阔，同学们要打好基础，抓

住机遇。

图 5-46

5.2.2 桥梁组成

1. 上部结构组成及认知

和建筑工程一样,桥梁结构体系主要由上部结构和下部结构体系组成。针对桥梁结构具体情况,桥梁由三个基本部分组成,即上部结构、下部结构和附属设施。

上部结构(即桥跨结构)其构件有桥面板、桥面梁以及支承它们的结构构件如大梁、拱、悬索等。上部结构是在线路中断时跨越障碍的主要承重结构,其位置在桥梁支座以上(无铰拱起拱线或刚架主梁底线以上),是跨越桥孔的总称(见图 5-47~5-50)。

支座以上部分为上部结构,支座支承着上部结构荷载并通过桥墩传递给基础再传递给地基

图 5-47

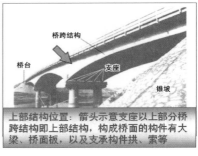

上部结构位置:箭头示意支座以上部分桥跨结构即上部结构,构成桥面的构件有大梁、桥面板,以及支承构件拱、索等

图 5-48

起拱线以上部分为上部结构,拱是支承上部结构荷载的主要构件

图 5-49

支承上部结构荷载的悬索

图 5-50

2. 下部结构组成及认知

下部结构包括桥墩、桥台和基础,其位置如图 5-51 所示。

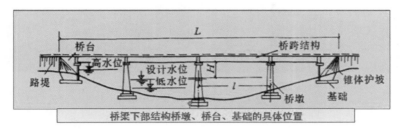

图 5-51

（1）桥墩（Bridge Pier）

设置在桥梁中间,由墩帽、墩身、基础三部分组成。三部分的关系如图 5-52 所示,墩帽的位置在桥墩的顶上,它是桥墩与上部结构桥面的连接件,其作用是缓冲上部结构传来的较为集中的荷载,并将其均匀扩散到墩身,通过桥墩再传递给基础。

桥墩的作用是支承桥梁的上部结构荷载。由于桥墩建筑在江河之中,因此它还要承受流水压力、水面以上的风力、可能出现的冰压力和船只的撞击力等。

墩帽的位置在桥墩的顶上,它是桥墩与上部结构桥面的连接件,作用是缓冲上部结构传来的较为集中的荷载,均匀扩散到墩身,桥墩再传递给基础

图 5-52

广东九江大桥是一座横跨珠江水系西江的特大公路桥梁,大桥主桥由两孔 160 m 独塔双跨双面索预应力混凝土斜拉桥与 21 孔 50 m 连续箱梁组成,全长 1 370 m。2007 年 6 月 15 日凌晨,一艘运砂船偏离主航道航行撞击九江大桥,导致桥面坍塌约 200 m,导致 9 人死亡（见图 5-53）。2009 年 6 月大桥完成修复工作,恢复通车。所以桥墩在结构上必须要有足够的强度和稳定性;在布设上要考虑桥墩与河流的相互影响,即水流冲刷桥墩和桥墩雍水的问题;在空间上应满足通航和通车的要求。

图 5-53

墩身类型可以做成实体（重力）式或空心式,构架式或多层构架式,还可做成 Y 式、V式、柱式、双柱式、桩柱式等。下面通过一组图片认知一下各种类型的桥墩,见图5-54。

图 5-54

看了这么多桥墩结构形式的图片,与建筑工程比较一下,桥墩实际上就是粗壮的柱子,是顶梁(顶桥)柱,只是因工程环境、上部结构、水文条件、地质条件、受力条件、所用材料、工程造价、施工条件不同,围绕桥墩出现了这么多下部结构形式。

(2)桥台(Bridge Abutment)

桥台是桥两端的支承结构(见图 5-55)。和桥墩一样,桥台也是支承上部结构并将其传来的恒载和车辆等活载再传至基础的结构物。从定义可看出桥台的位置在桥的两端(见图 5-56 中画圈处)。

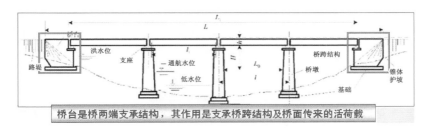

桥台是桥两端支承结构,其作用是支承桥跨结构及桥面传来的活荷载

图 5-55

桥台除支承桥跨结构传来的各种荷载外,还负责把桥面道路与桥两岸地面道路连接起来

图 5-56

桥台作用有三个:一是支承桥跨结构传来的荷载;二是把两岸地面道路与桥面道路连接起来;三是挡土护岸,要抵挡台后土体对桥台产生的侧向压力(见图 5-57)。因此桥台必须要有足够的强度和稳定性。桥台与上部结构(桥跨)的连接见图 5-58。

桥台还有一个重要作用,即挡土护岸,桥台埋置于锥坡体中,还要承受台后土体的侧向压力

图 5-57

桥台与桥面板的连接

图 5-58

当前我国公路桥梁的桥台常见的有两种形式,一种是实体式桥台,还有一种是埋置式桥台,因桥台大部分埋置于锥坡体中而得名。桥台由于构造做法不同,又分成很多类型,但支承桥跨、护岸、连接道路的功能不变。

(3)基础(Foundation)

基础是桥墩和桥台底部的重要支承结构体系,它所处的位置是桥墩、桥台之下扩展的部分(见图5-59)。它承担着从桥墩和桥台传来的全部荷载,这些荷载包括竖向荷载以及地震作用、船舶撞击墩身等引起的水平荷载。由于基础往往深埋于江、河、海、湖等水体之下,大都是深基础水中作业,与建筑工程相比,埋置深要考虑河流冲刷和船只撞击,导致技术问题复杂,工程量大,工期长,造价高。基础工程是桥梁工程上部结构和下部结构的"根",工程质量好坏直接影响工程的安危,因此基础的重要性在桥梁工程中更为突出。

桥梁工程基础的类型包括刚性扩展基础、桩基础、沉井基础和沉箱基础。桥梁基础的定义、位置、作用、类型、如何选型与之前章节中关于基础的有关基本概念大同小异,房屋建筑基础的定义是竖向构件墙、柱地面以下延伸扩大部分,桥梁基础是墩、台地面或水下延伸扩大(扩展)部分,两者类似,均要建造在可靠的持力层上。

桥梁基础的类型也是两大类,一类是浅基础,如靠常规施工方法建造的刚性扩展基础;一类是深基础,如靠特殊施工机具建造的桩基础、沉井基础、沉箱基础。

① 刚性扩展基础。它是桥梁实体式墩台浅基础的基本形式(见图5-60)。此类基础施工简单,可就地取材,稳定性好,能承受较大的荷载。

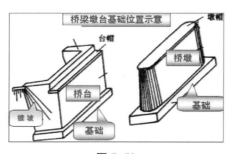

图 5-59

图 5-60

② 桩基础(Pile Foundation)。它是桥梁基础中常用的形式。它由若干根桩与承台两部分组成,所有桩的顶部由承台连成一个整体,在承台上再修筑桥墩、桥台(见图5-61)。

桩基础的桩和承台依据受力条件、所用材料不同、施工工艺不同、构造做法不同又分为很多类型。图5-62中左图示意下边的桩是通过特殊的施工机具"冲扩桩钻头"做出来的;右图示意桩做完后在其上建造承台。承台形状根据下面桩的数量或布桩方式可做成三角形或矩形,然后与上面的墩身、墩台连接,构成桥梁下部结构(见图5-63)。

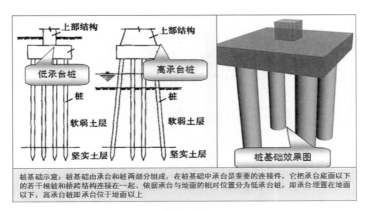

桩基础示意：桩基础由承台和桩两部分组成，在桩基础中承台是重要的连接件，它把承台底面以下的若干根桩和桥跨结构连接在一起，依据承台与地面的相对位置分为低承台桩，即承台埋置在地面以下，高承台桩即承台位于地面以上

图 5-61

桩基础用这样的特殊施工机具——钻孔机，穿越软弱地层，把基础建造在坚硬的地层上

图 5-62

图示是矩形承台按行列式布置的6根桩与承台连接，左上角是三角形承台按梅花式布置的3根桩与其上的承台的连接

图 5-63

③ 沉井基础(Open Caisson Foundation)。沉井基础是井筒状的结构物，是深基础(见图 5-64)。

沉井基础是以沉井法施工的地下结构，其做法大致是先在地表制作成一个井筒状的结构物(沉井)，然后在井壁的围护下通过从井内不断挖土，使沉井在自重作用下逐渐下沉，达到预定设计标高后，再进行封底，构筑内部结构。沉井井壁既是基础的一部分，又是施工时的挡土和挡水结构。

按施工方法沉井有两种类型，一类是一般沉井，用于陆地或水深浅的地方，沉井基础可以就地做；另一类是浮运沉井，当基础位置在深水地区(大于 10 m)，或水流流速大，沉井要先在岸边预制好，之后浮运到位下沉(见图 5-65)。

沉井是井筒状地下结构物

图 5-64

沉井基础的特点是埋深大、整体性强、稳定性好，能承受较大的竖向和水平荷载。

④ 沉箱基础(Box Caisson Foundation)。沉箱是一种无底的箱形结构，因为需要输入压缩空气来提供工作条件，修筑桥梁墩台或其他构筑物的基础，故称为气压沉箱，简称沉

图 5-65

箱。气压沉箱作业条件差,对人员健康有害,且工效低、费用大,加上人体不能承受过大气压,沉箱入水深度一般控制在 35 m 以内,使基础埋深受到限制。因此,沉箱基础除特殊情况外,一般较少采用。此外还有一种无压沉箱,一般在岸边、船台或船坞中制造,然后浮运就位,灌水或填充下沉。无压沉箱分为钢沉箱和混凝土沉箱。1998 年 3 月竣工的日本明石海峡大桥,是世界上跨度最大的悬索桥,主跨 1 991 m,主塔桥墩采用了大直径钢沉箱基础,如图 5-66 所示,该沉箱是由内外壁构成的圆筒形结构,其中 2# 主塔基础钢沉箱外径 80 m,内径 56 m,高 79 m,钢材用量 21 000 t。沉箱主要用于桥梁墩台、水底隧道、地下铁道及其他水工、港口构筑物等。

图 5-66

桥梁组成除上部结构(桥跨结构)、下部结构外,还必须有与之配套的附属设施。

3. 附属设施(Accessory)

包括桥面系、伸缩缝、桥台搭板、锥形护坡等,以及交通与机电工程设施等。附属设施对于保证桥梁正常使用是必不可少的。

港珠澳跨海通道所有与大桥通道通行的配套设施,如路面交通与机电工程设施、标志标牌、景观系统、通信和监控系统、收费系统等一切就绪,以崭新的姿态展示给世界,2018 年 10 月 23 日正式开通(见图 5-67)。

图 5-67

4. 与桥梁组成有关的几个专业术语

与桥梁组成基本概念有关的专业术语,一共有六个,这里简单介绍一下(见图 5-68):

(1)梁全长 L:桥两端岸边桥台侧墙或八字墙后端点间距离。

(2)桥跨 l:桥跨结构相邻两支座中心的间距,即相邻两桥墩中(轴线)到中(轴线)的水平距离。

(3)低水位:枯水季节河流中的最低水位。

(4)高水位:洪峰季节河流中的最高水位。

(5)设计水位:桥梁设计中按规定的设计洪水频率计算所得的高水位(很多情况下是推算水位)。在各级航道中,能保证船舶正常航行时的水位,称为通航水位。

(6)桥下净空高度 H:从设计通航水位(或设计水位)至桥跨结构最下缘(下皮)间的距离,应保证安全排洪,并不得小于该河道通航所规定的净空高度。

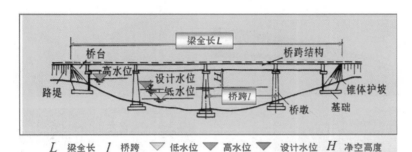

图 5-68

"桥梁工程由上部结构(桥跨)、下部结构(墩台、基础)组成",它们的位置及其连接关系,下面结合近期网上流传的一张照片"最牛危桥"再深化认识。见图 5-69,画面显示:(1)桥跨位置在最上面,实现跨越障碍行使交通功能,桥跨和桥墩的全部重量连同作用在桥面上的移动荷载由桥墩支撑,再传递给最下面的基础。画面基础因长期被水流冲刷裸露在外,这是很罕见的!(2)桥跨折断,桥墩歪歪斜斜,但还在"垂死挣扎",桥墩通过基础承托,还在支承着断断续

图 5-69

续的桥跨,说明桥跨、桥墩、基础三者还在共同工作,这个工程理念要重视。为安全起见,该危桥 2011 年当地政府已拆除。

5.2.3 桥梁工程分类及认知

桥梁工程分类与建筑工程分类一样,可按建造桥梁的功能要求及主要使用目的分类;按建造桥梁所采用的主要材料分类;按建造桥梁的基本构件如何构成桥梁承重结构体系骨架分类,等等。

1. 按使用目的分类及桥型认知

有铁路桥、公路桥、公路铁路两用桥、城市道路桥(含立交桥)、农村道路桥、人行桥、管线桥、渡槽桥等(见图 5-70)。

图 5-70

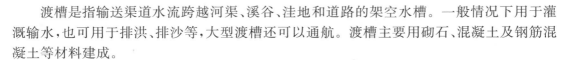

渡槽是指输送渠道水流跨越河渠、溪谷、洼地和道路的架空水槽。一般情况下用于灌溉输水,也可用于排洪、排沙等,大型渡槽还可以通航。渡槽主要用砌石、混凝土及钢筋混凝土等材料建成。

2. 按材料分类及桥型认知

有木桥、圬工桥(含砖、石和混凝土砌块桥)、铁桥、钢筋混凝土桥、预应力混凝土桥、钢桥、钢—混凝土组合桥等。

木桥是最早出现的桥梁形式,其具有重量轻,强度较高,加工及各部分连接的构造简单等优点;但其也有易燃、易腐蚀,承载力和耐久性易受木材的各向异性及天然缺陷影响等缺点。木材容易腐烂,历史上保存至今的木桥极少。日本五孔锦带木拱桥,跨度27.5 m,始建于1673年(见图5-71)。

图 5-71

图 5-72

石桥就是用石料建造的桥梁,有石梁桥和石拱桥,历史都很悠久(见图5-72、5-73)。由于石梁抗弯能力较差,现已只能在人行桥或涵洞中使用。

图 5-73

图 5-74

17世纪至今,桥梁工程随着材料进步和建造技术、施工工艺的不断提高,出现了铁桥(见图5-74)、钢筋混凝土桥、钢桥、钢—混凝土组合桥。钢筋混凝土作为桥梁的主要建造材料,在19世纪后半叶才出现,但发展速度却很快。一百多年来,钢筋混凝土在桥梁工程中被广泛采用,特别是在中小跨径桥梁建设中。在国内外的中小型河谷及水利工程等方面也广泛采用钢筋混凝土建造桥梁(见图5-75、5-76)。

钢筋混凝土桥面在施工

图 5-75

钢筋混凝土桥

图 5-76

钢桥(见图 5-77)具有断面小、自重轻、强度高、刚度大等特点,同时还便于运输和吊装。钢材的塑性和韧性好,具有良好的抗震性能,加工简易而迅速;建筑材料的运输量少,连接简便,安装方便,施工周期短(见图 5-78)。

钢桥

图 5-77

钢桥在施工

图 5-78

钢材的缺点是耐火性和耐腐蚀性较差,在桥梁使用周期里,其维护成本较高。

钢管混凝土组合桥(Steel Pipe Encased Concrete Bridge)充分发挥型钢与混凝土两种材料的优良性能,具有很高的承载能力。它可以减少桥梁的自重,很大程度上改善大跨度拱桥的抗风能力和抗震能力。其造型优美,在现代桥梁工程特别是拱桥建设中被广泛采用(见图 5-79、图 5-80)。

钢管混凝土组合桥

图 5-79

钢管混凝土组合桥

图 5-80

3. 按承重结构体系分类及桥型认知

根据结构受力性能,即构件(板、梁、柱、杆、拱、索等)依据功能要求和材料性能连接而成的承重结构体系分类,主要有梁式桥(含简支梁、连续梁、伸臂梁)、拱桥、刚架桥、斜拉桥、悬索桥等。

（1）梁式桥（Beam Bridge）

梁式桥是结构形式最简单的桥（见图5-81）。这种桥型以梁作为承重结构，即梁（板）或桁架梁的两端简单支承在墩台上，作为主要承重结构。梁式桥是桥梁的基本结构体系之一。

梁式桥制造和架设均甚方便，使用广泛，在桥梁建筑中占有很大比例。

古老的梁式桥取材简单，但受限于结构形式和材料性能，只能做到较小的跨度和通行需求。

图5-81

梁式桥受力特点：其上部结构在竖向荷载作用下，支点只产生竖向反力，不产生水平反力（见图5-82）。具有这种简单支承的结构称为简支梁（Simple Supported Beam Bridge）。

图5-82

梁式桥的类型：有单跨和多跨连续型。由结构变形功能函数$R_2(E,a,F,L)$得知：在相同结构受力条件下，跨度L加大，梁式桥的竖向变形会增大，以致结构失效，这就出现了如图5-83中左图在梁中间根据不同情况增加桥墩（支座）以提高梁式桥的抗弯刚度，从而出现了如图5-83右图中的不同类型的多跨连续梁式桥。

图5-83

武汉长江大桥是我国第一座公铁两用桥，建于1957年，正桥1 156 m，8墩9跨，桥型为钢桁架三联连续梁，每联3孔，每孔（跨）128 m（见图5-84）。

现代化的梁式桥，受力原理没有发生改变，区别在于使用的材料进步了和梁本身的构造选型上发生了改变。梁截面形式可分为为实心板式、空心板式、T型梁式、箱型截面等（见图5-85）。尤其是

图5-84

空心箱型截面梁,具有较大的抗弯刚度,在减小自重的同时,还能保证足够的承载力,在大跨度桥梁建设中得到实际应用。

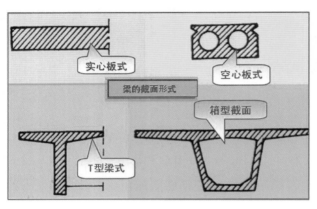

图 5-85

图 5-86

巨大的箱型梁截面大大增加了大跨度梁的抗弯刚度。注意图 5-86 中圆圈里有个工人师傅在工作,可见这样的梁的高度有多高!

(2) 拱桥(Arch Bridge)

拱桥是在竖直平面内以拱作为结构主要承重构件的桥梁(见图 5-87)。在竖向荷载作用下,拱的受力以受压为主。当桥梁跨度增加时,梁式桥就需要具有较大的抗弯刚度,否则会产生较大的挠度,引发结构失效;古代时并没有钢筋混凝土,受限于建筑材料,人们想出利用拱形将荷载对桥身的弯曲作用尽可能转化为压力,如此一来,抗弯性能较差但抗压性能好的石材就可以在桥梁建造中跨越较大的空间。

拱的受力特点就是把受到的压力分解成一个向下的力和两个水平向两端的力(向外的推力),见图 5-88。拱通过产生的水平推力把原本由荷载产生的弯矩应力变成压应力或者大部分转化为压应力。拱区别于梁的最大之处就是存在水平推力。从这个意义上来说,拱桥结构又叫推力结构,是所有结构中唯一产生外推力的结构(见图 5-89、图 5-90)。

图 5-87

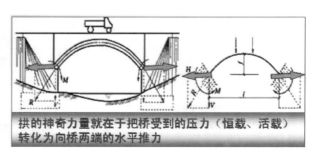

图 5-88

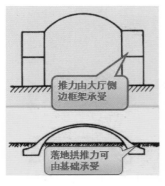

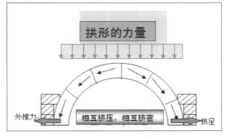

图 5-89　　　　　　　　　　　　图 5-90

由拱桥结构的受力分析可以知道,为什么用石材造的石拱桥的跨度可以比石梁桥的跨度大得多,而且造型更优美。

另外,拱形结构把压力转化为水平推力,并不是说就没有弯矩了,只是说这种弯曲效应比梁式结构要小得多。由于拱桥产生的水平推力很大,所以两边的桥台往往做得很大、很厚重,其目的就是为了充分抵御由拱身传递来的水平推力。产生水平推力是拱桥结构受力特点,拱桥设计是否合理就看如何解决和对付水平推力(见图 5-91)。

图 5-91

2018 年 11 月 27 日,我国在广西柳州建成世界上最大跨度有推力的钢箱梁中承式拱桥——官塘大桥。大桥全长 1 155.5 m,主桥跨度 457 m,两根拱肋把 457 m 跨度桥面的重量连同车辆等各类荷载,由 148 根吊索与拱肋相连形成巨大水平推力传递给桥两端拱座,拱座结构设计与施工必须保证提供巨大的支撑,与拱肋传来的 17 500 吨的水平推力维持平衡。柳州官塘大桥成功解决了这一问题(见图 5-92)。

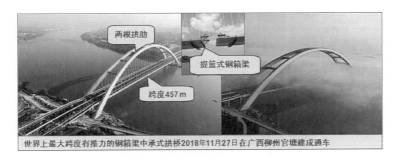

图 5-92

面对拱肋传来的巨大水平推力,拱座是如何维持平衡的呢?靠的就是与拱座连接的基础。大桥两岸的基坑分别由 170 多根钢管桩围合而成,最大深度达 17.6 m,为上大下小结构,上方开口处长约 80 m,宽约 32 m,约为 20 套 120 m² 的房子连在一起的大小。拱座基础后背及基底呈台阶状,利用拱座基础与基岩的完美结合,承载桥梁结构传来的巨大水平推力(见图 5-93)。

图 5-93

这个案例说明拱桥结构的受力特点是上部结构拱肋传来巨大的水平推力。官塘大桥通过营造巨大的拱座基础,结合两岸地质条件,解决了拱桥一跨过江这个难题。

下面介绍拱桥类型。初学者认识拱桥,主要是按照行车道位于主拱圈的不同位置来认知的。按行车道位于主拱圈的不同位置可分为三种类型,即上承式拱桥、下承式拱桥、中承式拱桥(见图 5-94)。

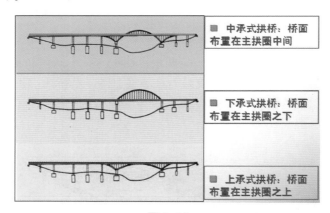

图 5-94

图 5-95 中,桥面行车道位置在拱桥结构顶端,称为上承式拱桥。

图 5-95

图 5-96 所示为 2018 年 11 月 27 日通车的广西柳州官塘大桥,属于中承式拱桥,桥面行车道从拱桥结构中间穿越。

图 5-96

图 5-97

图 5-97 所示为下承式拱桥,桥面行车道从拱桥结构下部穿越。

以上是按照行车道在拱桥主要承重结构主拱圈或拱肋的几何位置来分类认识的三种类型拱桥,这是最基本的认知。然而,认识拱桥决不仅限于此。基于我们之前学过的板、梁、柱、杆、拱等这些基本构件,根据功能发展要求,根据优化材料性能的要求,根据工程所处环境、地形、地质、地基、施工技术等基本条件,还可以有针对性地进行创新设计。根据梁式桥、拱桥的受力特点,把基本构件设计成更为优化的承重结构体系。如在地质、地基条件不适合深挖基坑建造基础,修建具有很大推力的拱桥的情况下,可建造水平推力由桥身受拉系杆承受的系杆拱桥,使水平推力由拱桥结构自身来解决,系杆可由钢、预应力混凝土或高强钢筋做成。(见图 5-98)

图 5-98

系杆拱桥还有一种新形式,即将系杆做成网状,应值得注意。网状系杆拱桥,与一般系杆拱桥的区别在于拱桥上吊杆相互间至少交叉两次,交织成网状。网状系杆拱桥由于具有较好的受力特点,能充分发挥材料的作用,因此材料用量省,造价经济;另外,其结构比较纤细,外形美观,是一种具有较大竞争优势的桥梁。这种桥型实际上是发挥梁式桥和拱桥的优点,目的只有一个——降低拱桥水平推力,缓解拱桥对两岸不良地质条件的压力(见图 5-99)。

近些年来,还出现了一种"飞燕式"三跨无推力拱桥,见图 5-100。

"飞燕式"三跨无推力拱桥(Arch Bridge Without thrust),即将边跨两端施加的强大水平推力,通过边跨梁传至拱脚,以抵消主跨拱脚处的巨大水平推力(见图 5-100)。

下承式网状系杆拱桥：设计的网状系杆承受桥面梁传来的拉力，从而缓解了拱肋传递给拱脚的水平推力

图 5-99

中承式三跨"飞燕式"网状系杆无推力拱桥，边跨产生的推力（红色箭头示意）传至拱脚，抵消主跨在拱脚处传来的水平推力（绿色箭头示意）

图 5-100

把梁与拱的优点加以组合，形成组合体系（Combination System），除了上面提到的系杆拱桥和"飞燕式"拱桥外，还可做成刚架拱桥、桁架组合拱桥等。

刚架拱桥是指外形似斜腿刚架的拱桥，由刚架拱片、横系梁与桥面系组成（见图 5-101）。刚架拱片是拱肋与拱上建筑组成的整体的承重结构，立面上略呈拱形，其间用横系梁和桥面系连接成整体以共同受力。

图 5-101

桁架组合拱桥充分发挥用钢材建造的格构式桁架良好的受力性能，把钢桁架拱和钢桁架梁组合起来，刚度大，抗震稳定性好，可跨越更大空间。

2009 年 4 月通车的重庆朝天门长江大桥，是世界第一拱桥，主跨 552 m，中承式公（公路）轨（轨道交通）两用三跨"飞燕式"连续梁，拱肋由钢系杆与桁架梁连接，属于桁式组合体系（Trussed Combination Arch Bridge）无推力拱桥，其造桥技术领先世界水平（见图5-102）。

图 5-102

（3）刚架桥（Rigid Frame Bridge）

刚架桥是介于梁和拱之间的一种桥梁结构体系，其主要承重结构由梁或板与立柱（桥墩）刚结而成（见图 5-103）。

刚架桥，也称刚构桥，其承重结构体系是由上部结构梁或板与下部结构立柱（桥墩）刚结整合在一起的桥梁结构，形似框架。由于梁和柱的刚性连接，梁、柱结点的抗弯刚度大大增加，从而使得跨中梁下弯的幅度大大减小，对梁起到了卸荷减载作用。同时与拱桥构造相比增加了桥下净空高度。

图 5-103

根据上下部结构连接的构造做法差异，刚架桥可分为 T 型刚架桥、连续钢架桥、斜腿刚架桥等，如图 5-104 所示。

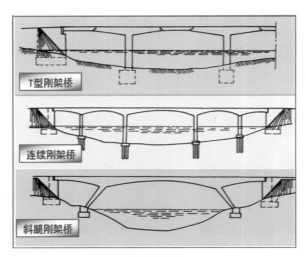

图 5-104

下面结合图片认识这些桥型：

先看看 T 型截面刚架桥。1996 年建成的南昆铁路清水河预应力混凝土大桥，桥型为 T

型截面连续刚架桥,桥墩是矩形空心墩,墩高 76 m,桥面至谷底 183 m,主跨 128 m(见图 5-105)。

图 5-105

图 5-106

图 5-106 中画圈处显示,桥墩为实心 T 型截面的刚架桥。

为了增加梁的抗弯刚度,同时节省墩身所用材料,还可做成 Y 型或 V 型以及桁架式及其组合结构(见图 5-107～图 5-110)。

1995 年 12 月建成的黄石长江特大桥是一座预应力混凝土五跨连续刚构桥。主跨 3 m×245 m,加两个边跨各 162.5 m,由连续箱梁桥和桥面连续简支 T 型梁桥组成,主桥桥墩采用直径 28 m 双壁钢围堰加 16 根直径 3 m 的钻孔灌注桩基础,具有较高的防船舶撞击能力(见图 5-111)。

图 5-107

图 5-108

图 5-109

图 5-110

图 5-111

2013 年建成的遵赤高速二郎河特大桥,桥型为三跨连续 T 型截面高墩刚架桥,主桥墩高 167 m,主桥主跨 200 m,两个边跨各为 106 m(见图 5-112)。

图 5-112

刚架桥有时根据地形还可把桥墩斜放在跨越障碍的两侧,这样可增大桥下净空,有利航运和泄洪,这就是斜腿刚架桥(见图 5-113、5-114)。

图 5-113   图 5-114

(4) 斜拉桥(Cable Stayed Bridge)

斜拉桥又称斜张桥,是将主梁(大桥)用许多斜拉索(钢缆索)拉紧,直接拉在桥塔(索塔)以维持桥梁稳定的一种结构体系。

斜拉桥是由承压的索塔、受拉的索和承弯的梁体组合起来的一种组合结构体系。

斜拉桥的索塔承受压力,索承受拉力,桥面梁承受弯力。斜拉桥主要由主梁、斜拉索、索塔、基础组成(见图 5-115)。

图 5-115

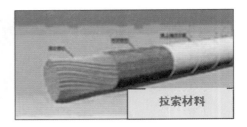

图 5-116

斜拉索采用高强钢丝束、钢绞线束等制成。图 5-116 示意用高强钢丝束、高强钢绞线制成的拉索。

多点斜拉索提拉着巨大桥面荷载由索塔高高撑起,将上部结构荷载通过索塔柱传递给基础,再传给地基。跨度较大的主梁,由于斜拉索的多点吊起,可看作是拉索代替支墩的多跨弹性支承连续梁,这样可使梁体内弯矩减小,降低了建筑高度,减轻了结构重量,节省了材料。

斜拉桥的索面根据桥宽和美观要求可分为单索面、双索面和多索面(见图 5-117)。索形有辐射形、竖琴形和扇形三种形式。

斜拉索与主塔的连接方式如图 5-118 所示。

辐射形拉索特点:拉索都固定在塔顶,交汇节点应力集中,构造做法复杂。

竖琴形拉索特点:所有拉索的倾角完全相同,且拉索与索塔的锚固点分散布置,使拉索与索塔、拉索与主梁的连接构造简单,易于处理。

扇形拉索特点:兼有辐射形和竖琴形拉索的特点,又可灵活布置,与索塔的各种构造形式相配合。扇形是采用最多的一种索型。

传统的斜拉桥桥型一般是三孔(三跨),由中孔和两个边孔组成。其中中孔称为主孔或主跨,两边孔又称为边跨。三孔布置的比例大约为边孔通常为主跨的四分之一到二分之一长(见图 5-119)。

图 5-120 即是传统的斜拉桥型,为三孔双塔式。

图 5-117

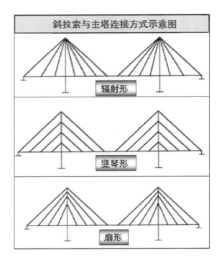

图 5-118

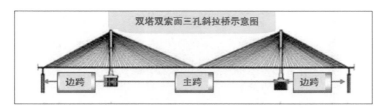

图 5-119

图 5-120

　　斜拉桥的桥型根据实际情况,并不限于传统的双塔三孔桥型,也可以是单塔或多塔。单塔可做成单塔单索面、单塔双索面或单塔多索面;双塔也不限于双索面,也可做成单索面、三索面;以及多塔多跨等各种形式。总之,斜拉桥的桥型多种多样,还在不断创新。桥型结构采用什么形式,要根据河流、地形、通航、美观等要求论证确定。

　　下面结合图片认识这些桥型。

　　图 5-121 是独塔双跨斜拉桥,拉索与索塔的连接是单索面,采用的是竖琴形方案。

图 5-121

图 5-122

　　图 5-122 是西班牙 Alamillo 独塔景观斜拉桥,独塔双索面(两索面离得很近,受力与单索相似),独塔向后倾斜无索,造型优美。

　　图 5-123 也是独塔斜拉桥,拉索与索塔连接,塔前、塔后拉索均不对称,属于独塔异形多索面斜拉桥。

　　下面是一组双塔斜拉桥的桥型,有单索面的,有双塔双索面的,有双塔三索面的,还有多塔多跨结构的。

图 5-123

图 5-124 是 2013 年建成的江苏省如皋长江大桥，全长 1 046 m，为双塔单索面预应力混凝土斜拉桥，塔高 85 m，主跨 218 m。主塔为仙鹤造型，体现了当地长寿文化的丰富内涵。

图 5-124

建于 1995 年的法国诺曼底大桥，属于双塔双索面斜拉桥，主跨 865 m，主塔高度 202.7 m（见图 5-125、图 5-126）。

图 5-125

图 5-126

2016 年建成的北盘江大桥，位于云南与贵州交界处，横跨云贵两省，全长 1 341.4 m，桥面到谷底垂直高度 565 m，是世界第一高桥。大桥之所以建造得这样高，是要避开下面喀斯特地貌发育的溶洞和脆弱的岩体。

该桥是 H 型双塔双索面钢桁梁斜拉桥，主跨 720 m（见图 5-127）。2018 年 5 月，北盘江大桥荣获第 35 届国际桥梁大会古斯塔夫斯金奖。国外媒体用"工程壮举，难以想象，不可思议"之词赞美这座桥梁。

图 5-127

图 5-128 是 2009 年建成的武汉天兴洲大桥,是一座双塔三索面三主桁公铁两用斜拉桥,主跨 504 m,主塔呈倒 Y 型,高度 188.5 m。

天兴洲大桥是三索面三主桁斜拉桥(见图 5-129),公路桥面上的箭头示意的就是三索面;右下角小图示意的是天兴洲大桥主梁横截面,其内可并列行驶四列火车,其空间有三道(三片)由板桁构成的主桁架钢桁梁。武汉天兴洲大桥是继武汉长江大桥之后的第二座公铁两用斜拉桥,同时也是世界上第一座按四线铁路修建的大跨度客货公铁两用斜拉桥,为当今世界公铁两用斜拉桥中跨度最大的桥梁。

图 5-128

图 5-129

以上见到的斜拉桥是双塔型的。实践中，根据河床地质情况，也可建成三塔或多塔型的，如武汉二七长江大桥。

建于2011年12月的武汉二七长江大桥为三塔斜拉桥，两个主跨均为616 m，主线为双向6车道，主桥有效宽度为28 m，主塔高度205 m(见图5-130、图5-131)。

图 5-130

斜拉桥桥型也可选择如图5-132所示的多塔多跨式。

一般地，斜拉桥的索塔数量、索形布置、跨度大小方案布置，不是一成不变的。桥型要根据实际功能需要选择。主塔数量要结合桥的轴线位置地形、地质、工程造价等多种因素进行考虑。有时还要考虑景观旅游需要建立地标特征等因素，如前面看到的西班牙Alamillo独塔双索面斜拉桥，某独塔异形多索面桥，还有江苏如皋长江大桥，这些桥梁设计及其营造技术在给人们提供交通便利的同时，也给人们带来美的享受(见图5-133)。土建类大学生专业知识面要拓宽，要加强人文、社会、历史、艺术、美学、建筑美术等基础知识的学习，提高综合素质。

目前我国斜拉桥设计水平及其营造技术不断提高，无论是建特大桥的数量还是挑战世界级的技术难题，均处于世界领先水平。具有代表性的就是2008年建成的苏通大桥，主跨1 088 m，主塔高300.4 m，这在前面有关章节已经介绍过。

图 5-131

图 5-132

图 5-133

目前世界已建成的主跨最大的斜拉桥在俄罗斯。俄罗斯 2012 年在远东城市符拉迪沃斯托克市建成了连接该市与俄罗斯岛的特大跨海斜拉桥。大桥主跨长 1 104 m,主塔高 324 m,创造了两个世界第一(见图 5-134)。该地区气候条件极端恶劣,夏季气温在 37℃,冬季气温低至零下 36℃,来自日本海的暴风掀起的海浪高达六七米,冬天的冰层厚度将近 1 m,能在这样的区域这样的条件下,建成这样的桥梁,真是创造了人间奇迹。

图 5-134

(5)悬索桥(Suspension Bridge)

① 简述

悬索桥是一种古老桥型。早期制索材料为藤条、竹子、皮革、铁链等。我国人民早在两千多年前就学会用这样的材料造桥跨越障碍了。

据考证四川灌县安澜古桥始建于宋代以前,明末毁于战火。索桥以木排石墩承托,用粗如碗口的竹缆横飞江面,上铺木板为桥面,两旁以竹索为栏,全长约 500 m。现在的桥,下移了 100 多米,将竹改为钢,承托缆索的木桩桥墩改为混凝土桩。该桥坐落于都江堰鱼嘴上,是都江堰最具特征的景观。图 5-135 左上角显示的是近百年前的安澜桥原貌。

图 5-135

在中国战争历史上赫赫有名的泸定桥就是典型的悬索桥,建于公元 1705 年,主跨达 103 m,很可能是当时世界跨度最大的悬索桥。

泸定桥自清以来,就是四川入藏的重要通道和军事要津。1935 年红军长征中 22 位勇士作为突击队,在铁索桥上匍匐前进,一举消灭桥头守卫,打开了红军长征北上抗日的通道。该桥已列入第一批国家保护的重要文物(见图 5-136)。

图 5-136

图 5-137

② 定义

悬索桥，又名吊桥（Suspension Bridge），指的是用悬挂在两边塔架上的强大缆索作为主要承重结构，以通过索塔悬挂并锚固于两岸（或桥两端）的缆索（或钢链）作为上部结构主要承重构件的桥梁。其缆索几何形状由力的平衡条件决定，一般接近抛物线。从缆索垂下许多吊杆，把桥面吊住。图 5-137 为悬索桥结构示意图。

③ 基本组成

是由悬索、索塔、锚碇、吊杆、桥面系等部分组成的。悬索桥的主要承重构件是悬索，承受巨大拉力。

图 5-138

图 5-138 中左图是建于 1937 年的美国金门大桥，主跨 1 280 m，两根钢缆每根直径 92.7 cm，均由高强度钢丝成股编制而成，钢缆自重 2.45 万 t，通过两端耸立的高塔挂在空中，承受着大桥荷载的巨大拉力。

由于悬索桥可以充分利用材料的抗拉强度，并具有用料省、自重轻的特点，因此悬索桥在各种体系桥梁中跨越能力最强。1998 年建成的日本明石海峡大桥的跨径为 1 991 m，是目前世界上主跨径最大的桥梁。悬索桥的主要缺点是刚度小，在荷载作用下容易产生较大的挠度和振动，需注意采取相应的措施。

④ 荷载传递路径（如图 5-139 所示）

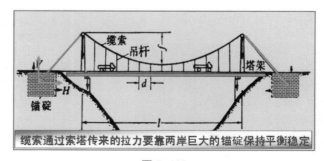

图 5-139

桥面承担起行人车辆等荷载，主缆通过吊杆将桥面吊起，荷载经吊杆传递到主缆索，同时承托起主缆索的桥塔将荷载经桥墩传递给基础。由于主缆索在这个过程中承担着各个吊杆传递而来的荷载,不妨以挂着衣物的晾衣绳来模拟其受力的状态。据此,在力的传递过程中,吊杆和主缆索(晾衣绳)承受很大的拉力,此拉力由两岸桥台后修筑的巨型锚碇(拉结晾衣绳的端头)平衡,这也是区别于斜拉桥的重要地方。

从图 5-139 可以看出,主缆索终端在锚碇处传来的拉力会产生两个分力,一个是横向水平分力,一个是竖向垂直分力,为了保持悬索桥的稳定,锚碇必须要做得很深,体积很大,这是重力式锚碇结构的特点,主要借助锚碇自重维持大桥稳定,或者借助两岸完整的岩体维持稳定。图 5-140 是某特大悬索桥巨大的锚碇结构。特大悬索桥一般都要选择这种地锚式悬索桥稳定结构。如果两岸地质条件差,桥梁跨径又不是很大,做大体积自重式锚碇结构工程造价太高,则可选择自锚式悬索桥(见图 5-141)。

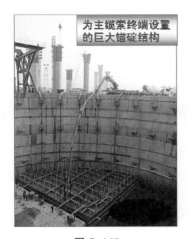

图 5-140   图 5-141

自锚式悬索桥(Self-Anchored Suspension Bridge),从荷载传递路线来看,主缆索最终传来的巨大拉力不是由地锚固定,而是由专门在梁端处设置的加劲梁(给主梁加劲的梁,有钢箱加劲梁、钢桁加劲梁、混凝土加劲梁、钢—混凝土组合梁等)帮助主梁承担主缆索传来的水平分力,即将主缆索直接锚固于主梁端部的加劲梁上,由加劲梁承担主缆索的水平分力,从而无须设置锚碇的悬索桥。加劲梁的作用就是抵消主缆索传来的外荷载,避免主梁承受巨大的轴向压力。主缆索传来的拉力不是由地锚固定维持平衡,而是由主梁端部结构构件自身解决,这就是自锚式悬索桥的特点。主缆索传来的拉力给桥带来的不稳定,靠梁端部固定自身解决。

综上所述,悬索桥就荷载传递路径终端而言,分为两类:地锚式、自锚式。

悬索桥荷载传递简单明了,整个承重体系由缆索、索塔(塔柱)、锚碇三部分组成,又能充分发挥钢缆材料优越的抗拉性能,因此结构自重轻,可以获得比斜拉桥更大的跨径。成卷钢缆便于运输,也便于无支架悬吊拼装,适合在大江、湖海或跨越深沟、深谷时采用。相对于其他桥梁结构悬索桥可以使用比较少的物质来跨越比较长的距离。

悬索桥可以造得比较高,容许船在下面通过,在造桥时没有必要在桥中心建立暂时的桥墩,因此悬索桥可以在比较深或比较急的水流上建造。

⑤ 桥型认知

悬索桥的桥型传统的是两塔式,当然,这不是悬索桥的统一模式,和斜拉桥一样,根据桥轴线位置、地形、地质、水文、人文景观、工程造价等诸多因素,悬索桥的索塔可以是独塔、双塔、多塔,悬索桥的跨数也可以是单跨、双跨、多跨,形式灵活多样。下面结合图片认识一下。

图 5-142 是云南虎跳峡金沙江特大桥,全长 1 017 m,悬索主跨 766 m,丽江岸锚碇采用重力式锚,香格里拉岸采用隧道锚,其独塔单跨地锚式悬索桥结构为世界首例。目前全面进入主体结构施工阶段。左上角小图是新闻媒体 2018 年 9 月 8 日报道的大桥首个索鞍吊装顺利完成的现场照片,这意味着这座世界最大跨径独塔单跨地锚式悬索桥的上部结构施工正式启动。

图 5-142

图 5-143

图 5-143 是 2009 年建成的广州猎德大桥,它是一座独塔双跨自锚式悬索桥,塔高 131 m,主桥两跨径组合分别为 167 m、219 m,塔身外观为两个贝壳状弧形壳体相扣,像一只直立的贝壳,寓意"珠江之贝"。桥面双向 6 车道,两侧设人行道、自行车道。

图 5-144 为武汉杨泗港长江大桥,这是武汉长江江面上的第十座长江大桥。主桥采用单跨 1 700 m(跨度已超越 1996 年建成的世界第二大悬索桥——丹麦大伯尔特悬索桥的主跨 1 624 m),索塔总高 224 m,是一座双塔单跨双层钢桁梁地锚式悬索桥。目前主塔已封顶,预计 2019 年年底通车。

图 5-144

图 5-145 是湖南矮寨特大悬索桥,是岩锚式钢桁加劲梁双塔单跨悬索公路桥,全长 1 073.65 m,主跨为 1 176 m,2012 年 3 月通车。双塔单跨悬索桥跨越深水峡谷,令人惊艳。

以上均是传统的双塔单跨式悬索桥,这种桥型在过去几乎是人们认识中悬索桥的唯一桥型,因为以美国金门大桥为代表的这种桥型似乎很完美了,而实际上在工程实践中,悬索桥桥型和斜拉桥一样,也是多种多样的:

图 5-146 是韩国永宗双塔三跨自锚式悬索桥。

图 5-147 是大连星海湾跨海大桥,我国首座海上地锚式悬索跨海大桥,于 2015 年 10 月 30 日正式开通。主桥 820 m,其中主跨 460 m,两侧边跨各 180 m。主桥为双塔三跨地锚式

悬索桥,主梁采用钢桁架结构,双层双向 8 车道。

图 5-145

图 5-146

图 5-147

图 5-148

悬索桥还有三塔双跨的:2012 年建成的泰州长江大桥,巧妙利用了"W"形河床地形,在江心设置中塔,桥型为三塔双跨(每跨 1 080 m)钢箱梁悬索桥,南北边搭建在岸边,以千米双主跨跨越长江(见图 5-148)。

悬索桥还有三塔四跨的:2014 年建成的武汉鹦鹉洲长江大桥是三塔四跨钢板结合梁地锚式悬索特大桥(见图 5-149)。

图 5-149

悬索桥的结构类型根据荷载传递路线的终端结构构造处理方式不同可分为两大类,一类是地锚式悬索桥,多用于特大桥;还有一类是自锚式悬索桥,多用于中、小跨桥和地质条件较差的情况。

4. 按特殊要求分类及桥型认知

在桥梁工程体系中还有一种类型是特殊桥（Special Bridge），顾名思义，这种桥有着特殊的用途、特殊的目的。

雅克沙邦-戴尔马大桥位于法国南部港口城市波尔多（Bordeaux）的加龙河（Garonne River）上，是一座垂直升降式公路及轨道交通两用开启桥。该桥是著名建筑师托马斯·拉维妮（Thomas Lavigne）的杰作。全桥长575 m，其中主桥长433 m，宽45 m，桥塔高87 m，大桥开启孔主梁长110 m，采用滑轮系统提升，最大提升高度77 m，提升耗时仅11 min（见图5-150）。图5-150右侧图为桥面垂直升起，让一艘船通过的照片。

图 5-150

图5-151是一座神奇的会收缩、会打卷的桥梁，位于英国伦敦帕丁顿，由 Thomas Heatherwick 设计。桥身长12 m，架设在伦敦大联盟运河上，栏杆装有水压装置，可以把整个桥收卷成一个八角形，确保运河里的船只畅通无阻。它的特殊之处在于其平时只是一座普通的钢结构人行桥，但它具有特别的可伸展可收缩的八段结构，一旦有船只通过河面时，桥身就可自动卷起，使得船只可顺利通过，这一设计创意新颖，令人赞叹。

图 5-151

5. 按桥梁单孔跨径和多孔跨径长度分类

按桥梁全长就跨径不同,分为特大桥、大桥、中桥、小桥和涵洞。《公路桥涵设计通用规范》(JTGD 60—2004)中桥跨径的分类标准规定如下:

涵洞跨径不超过 5 m　$L<5$ m;

小桥:8 m$\leqslant L$(多孔跨径总长)$\leqslant$30 m,5 m$\leqslant l$(单孔跨径)$<$20 m;

中桥:30 m$<L<$100 m,20 m$\leqslant l<$40 m;

大桥:100 m$\leqslant L<$1 000 m,40 m$\leqslant l<$150 m;

特大桥:$L\geqslant$1 000 m,$l\geqslant$150 m。

提到涵洞,在市政工程基础设施建设中非常重要。现在有的城镇市区,一旦到了雨季,涵洞由于地势低洼,排水不畅,经常溃水、交通堵塞,造成意外事故,要关注图 5-152(右下角)的问题。

图 5-152

根据规范规定的特大桥的长度,我国各种桥型特大桥数量不仅名列世界前茅,而且在世界上有影响的超级大桥(工程)也越来越多。2018 年 10 月 23 日习近平同志向全世界宣告:港珠澳跨海通道正式开通! 这些成就充分验证了工程师常说的那句话:Everything is possible! 对工程师来说只有想不到的,没有做不到的。

5.3 给水排水工程设施认知

本节学习的主要内容有:围绕给水排水工程、城市水工程专业的学习内容及发展方向,了解什么是水的社会循环,21 世纪朝阳产业为什么是水工业;了解给水排水工程在城市基础设施建设中涉及的城市水工程的现状、问题和对策。土建类大学生应努力拓宽专业视野,打破专业壁垒,把专业学习内容和国家城市建设政策导向、建设海绵城市和城市综合管廊结合起来,瞄准专业未来发展,热爱专业,激发学习动力。

5.3.1 概述

给水排水科学与工程(Water Supply and Drainage Science and Engineering)属于工科学科,是土建类的一个专业方向,简称给排水,2012 年以前称给水排水工程(Water Supply and Drainage Engineering)。学习内容一般包括城市给水系统和排水系统(市政给排水和建筑给排水)。这里介绍的给排水工程设施是市政工程诸多土建工程的一种。李圭白教授在《城市水工程概论》中指出:"城市和工厂的给水排水设施,大多数都是以土建构筑物形式实现的。所以给排水工程学科在传统上属于土木工程类学科。"

给排水工程研究的是水的社会循环问题。"给水工程"的学习内容是了解现代化的自来水厂每天从江河湖泊中抽取自然水后,利用一系列物理和化学手段将水净化为符合生产、生活用水标准的自来水,然后通过四通八达的城市水网,将自来水输送到千家万户。"排水工程"的学习内容是了解一所先进的污水处理厂把生产、生活使用过的污水、废水集中处理,然后干干净净地再排放到江河湖泊中去。这个取水、处理、输送、再处理、然后排放的过程就是给水排水工程研究的主要内容。面对世界出现的水危机、水污染两大现实问题,把专业学习、研究的方向放在水的社会循环和水质安全上,造福人类尤为重要。这里强调的是无论是给水工程还是排水工程其学习和研究内容都要以水的社会循环系统为背景。

众所周知,水在自然界的循环是客观存在的,如图 5-153 所示的水的自然循环(Natural Circulation),自然界的水在太阳辐射和地球引力的推动下,不停地运动着,构成全球范围的

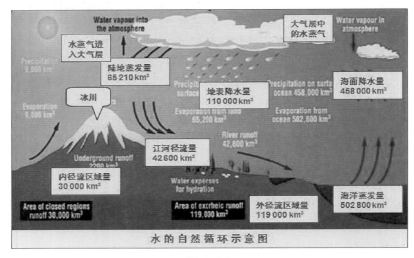

图 5-153

海陆间大循环,并把各种水体连接起来,使得各种水体能够长期存在。海洋和陆地之间的水交换是这个循环的主线,意义重大。在太阳能的作用下,海洋表面的水蒸发到大气中形成水汽,水汽随大气环流运动,一部分进入陆地上空,在一定条件下形成雨雪等降水;大气降水到达地面后转化为地下水、土壤水和地表径流(在重力作用下沿地表流动的水流),地下径流和地表径流最终又回到海洋,由此形成水的动态循环,这就是水的自然循环。

水的自然循环形成了人类赖以生存的水资源(Water Resource)。然而随着人类经济社会的发展和人口数量的急剧增长,人们对淡水的需求日益扩大。大规模地蓄水、引水以及用过的废水污水的排放参与到水的自然循环中,水的自然运动状况、水的循环平衡状态随之发生变化。当前全球水资源枯竭、水危机(Water Crisis)、水污染(Water Pollution)等严重问题,就是人类的社会经济活动自觉不自觉地参与到水的自然循环中,致使水的平衡状态发生变化造成的。

图 5-154　　　　　　　　　　　　　　　图 5-155

图 5-154 显示人们自觉不自觉地在参与水的自然循环,引起大江大河水质变化。研究表明,每升废水会污染 8 升淡水。水是人类生命之源,这样大幅度递增下去,母亲河会成为什么样子? 水资源还有质量保证吗?

再看看图 5-155,工业废水不经处理直接排放到天然水体中,污染了河流,破坏了生态环境,危害更大。

人类社会从各种天然水体中取用大量水,使用后成为生活污水和工业废水,最终又流入天然水体。这种由于人为作用、人类的经济社会活动参与到水循环中构成的一个循环体系称为水的社会循环(见图 5-156),是给水排水工程学习和研究的重点。内容就是研究如何使人们从自然界水体取用的水,用过后经处理再利用,再回收,并使排放到自然界各种水体的水达到国家标准,不污染环境,不破坏生态,维持水在自然循环中的平衡状态。给排水专业学习和研究内容非常实际,非常丰富,既有跨学科(土木、生物、化学、信息技术等)前沿领域的科学研究内容,又有为民造福实实在在的工程实践活动。

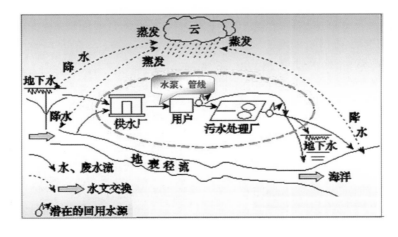

图 5-156

学习给排水专业还要拓宽专业视野,用大工程观的视野进行工程教育改革,打破专业壁垒,把给排水专业与土建类其他专业的基础知识实施学科交叉,相关课程进行融合;紧密结合新时代以来经济建设层面突显的"城市病"问题,把学习和研究的内容和国家政策导向的城市综合管廊、海绵城市等内容联系起来。这是专业学习发展的方向,对提高学生职业迁移能力尤为重要。

5.3.2 21世纪朝阳产业——水工业

目前人类社会面临着严重的水危机,早在1977年,联合国水资源大会就指出:石油危机之后,水不久将成为一场深刻的社会危机。1997年联合国在对世界淡水资源的全面评价的报告中指出:"缺水问题将严重地制约21世纪经济和社会发展。"

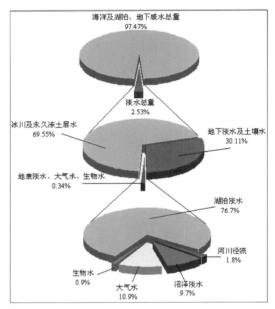

图 5-157

众所周知,地球海洋面积占地球总表面积的71%,陆地面积仅占29%,地球几乎被水所覆盖,地球水这样多似乎不缺水。然而地球的水大都是咸水,其总量占了地球水总量的97.5%,淡水仅占2.5%。

从图5-157显示的淡水总量占全球水量的比例来看,如果把这点淡水看作100%,看下面两个淡水圆饼的瓜分,人们可用的水资源还剩多少?再加上世界人口剧增和人类社会经济活动对水自然循环动态平衡的影响,人类赖以生存的淡水在被严重污染,淡水资源已经寥寥无几。

因此全球淡水资源严重短缺,这是不争的事实。联合国列出了这样一些数据:目前全球有11亿人缺乏安全饮用水;每年有500多万人死于与水有关的疾病;预计到2050年,全球2/3的人口将生活在不同程度的缺水区。

全球面临严重的淡水缺乏危机。在非洲,有的国家严重缺水,骨瘦如柴的儿童们采取如图5-158这样艰难的方式,吸取水质很差甚至会危害身体健康的水。

在亚洲,有的国家严重缺水,只能用汽车等交通工具远距离取水、输水,老百姓带着水桶等容器远道而来,围着送水车辆挤成一团,只为得到那点生活用水(见图5-159)。全球有数亿人每天都面临着这样的现实问题。

图 5-158

图 5-159

图 5-160

图 5-160 是 2009 年媒体披露的亚洲某个国家孩子放学后在严重污染的河流中玩耍的情景,孩子在痛苦地"快乐"着。

有资料表明,伴随河流流域水资源危机而出现的"环境难民",在 1998 年达到 2 500 万人,第一次超过"战争难民"的人数。据预测,在 2025 年之前,因为水的原因而成为难民的将多达 1 亿人。21 世纪,水的争夺将成为战争的根源之一。

我国的水危机形势也十分严峻。我国人均水资源占有量只有世界人均占有量的 1/4,加上时空分布不均,使水资源短缺造成的损害不亚于洪涝灾害。图 5-161 是 2007 年 6 月江苏由于太湖蓝藻暴发,某地自来水厂水源严重污染,超市饮用水被抢购一空的情景。

有资料表明我国有 47% 的河段、75% 的湖泊和 90% 的城市水资源受到不同程度的污染,造成的损失达 GDP 的 1.5%～3%。水资源短缺和水环境污染已成为制约我国社会经济发展的重要因素。

图 5-162 是 2009 年云南昆明母亲湖滇池蓝藻暴发,湖面严重污染的情况。

图 5-161

图 5-162

面对全球水资源短缺以及我国水污染日趋严重的现实,以习近平为首的党中央非常重视。十八大以来,把生态文明建设、在经济发展中绿色优先提到了前所未有的战略高度,要求在水的社会循环中,从源头上、从制度上、从法律上、从资金投入上采取诸多有效措施,使排放到母亲河、江、湖的水不再影响水的自然循环,我国水污染治理情况出现了良好发展态势。

就拿滇池来说吧,经过调查研究,当地政府把蓝藻治理与流入滇池的最大河道黑臭水体一并考虑,经过十几年的治理,人们环保意识增强,现在的滇池正在恢复昔日的美丽景色

（见图 5-163）。

任何一个产业的产生,都有其深刻的社会背景,要充分认识水工业产生的现实基础是全球存在水危机。21 世纪人类社会正面临着水危机,因此人类的生命之源——水,不可避免地作为一种特殊商品进入市场。水工业就是围绕水的采集、生产、加工商品水的工业。社会循环中产生的废水、污水(简称废污)必须要处理、回收,大自然水系自然循环才能维持平衡,人类社会才能可持续发展。要实现此目

治理后的滇池,人与大自然的和谐美

图 5-163

标,水质处理就需要有新型的产业,通过工厂生产加工设备化、产业化、市场化来运行。水工业正是服务于水的社会循环的一种产业,它顺应经济社会发展规律,其今后的发展有着强大的生命力。任何一个产业的产生、发展、运行都有其主干学科的支撑,给水排水工程专业要向"城市水工程"(Urban Water Project)方向发展,"城市水工程"是水工业的主干学科,它以水的社会循环为研究对象,在水量和水质两个方面以水质研究为中心,加强化学和生物学基础,保持给水排水工程传统优势并向城市水资源、市政水工程、建筑水工程、工业水工程、农业水工程、节水产业等方向全面拓宽,以适应和满足市场经济与水工业发展的需求。水工业是 21 世纪的朝阳产业,给水排水工程专业大学生将大有作为。

5.3.3　城市给水排水工程设施

1. 城市给水工程设施(Water Supply Engineering Facilities)

城市供水系统包括城市居民生活用水、工业生产用水和消防用水等三大给水系统。其任务就是将水源的水取出,经城市给水系统输送到水厂,经净化处理后,再经城市给水管网系统输送到三大目的地(见图 5-164)。

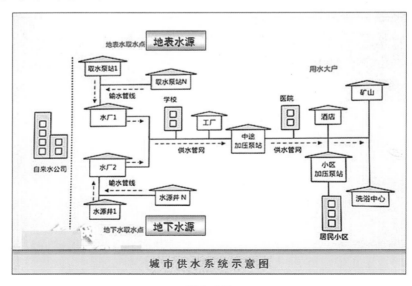

城市供水系统示意图

图 5-164

城市居民生活用水,必须严格符合国家规定的饮用水水质标准。为了节水,现在不少城市居民社区和中、高层住宅建筑设置了"中水"管道系统。所谓"中水"是针对传统给排水管道中"上水"给水管道和"下水"排水管道的名称而说的,就是把居民用水中未受到严重污染的水集中、收集起来,经过处理,通过中水管道系统重复利用,也称为再用水(见图5-165)。把中水系统纳入城市供水系统统筹考虑,是城市给水工程的发展方向。

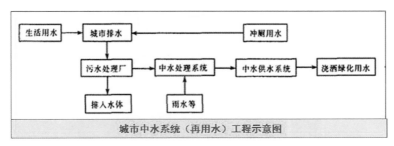

图 5-165

工业生产用水由于工厂生产工艺不同,生产用水系统种类繁多,有的生产设备需要冷却水,有的生产原料和产品需要洗涤用水,有的生产用锅炉需要水,有的产品本身就需要水,等等。因此生产用水对水质、水量、水压以及安全方面的要求差异较大,应根据生产性质和要求具体确定。

消防用给水系统主要是供给扑救火灾的消防用水。根据《建筑设计防火规范》的规定,对于高层建筑、大型公共建筑及容易引起火灾的仓库、生产车间等,必须设置室内消防给水系统。消防给水对水质没有特殊要求,但必须保证足够的水量和水压(见图5-166)。

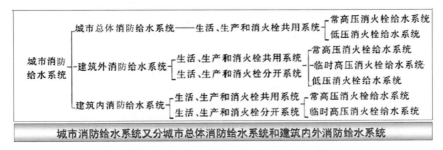

图 5-166

2. 城市排水工程设施(Drainage Works)

排水系统是指收集、输送、处理、利用废水并将废水排入水体的全部工程设施。城市污水排水系统由室内污水管道系统和设备、室外污水管道系统、污水泵站及压力管道、污水处理厂、出水口及事故排出口等部分组成(见图5-167)。

排水系统按其所排污(废)水性质,可分为生活污水排水系统、工业废水排水系统和雨水排水系统。在排水系统中要注意把生活污水中的粪便污水与洗涤、盥洗、沐浴等产生的废水分开;要把比较洁净的雨水与居民与工业用过的废水分开。当前,在排水系统管道中把雨水和废水分开是市政工程的重点和发展方向。过去,城市基础设施落后,雨污不分,都是"合流制",雨水和城市生活污水混在一起,共用一套管网排放,这样排水系统简单,成本低。

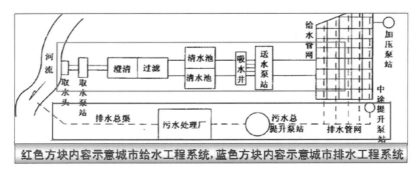

红色方块内容示意城市给水工程系统,蓝色方块内容示意城市排水工程系统

图 5-167

雨污不分合流制排水系统,在雨量不大时,雨水和污水可一起通过截流干管进入污水处理厂;雨量较大时,超过主干管负荷的混合污水将流入溢流管道排入河流——这是城内水体黑臭的重要源头;另外,在部分老旧城区,雨水和污水往往直接被排入河流。"分流制"就是雨污分流,将雨水和污水分开,各用一条管道输送,进行排放或后续处理的排污方式。把受污染较轻的雨水,经过分流充分利用起来,比如将雨水排入城市内河,经过自然沉淀,即可作为天然的景

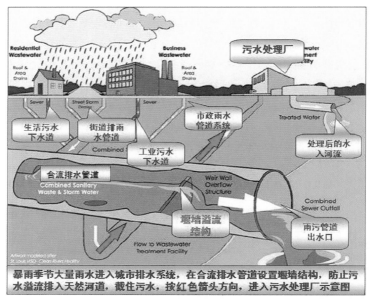

暴雨季节大量雨水进入城市排水系统,在合流排水管道设置堰墙结构,防止污水溢流排入天然河道,截住污水,按红色箭头方向,进入污水处理厂示意图

图 5-168

观用水,也可作为供给喷洒道路的城市市政用水,可以提高地表水的使用效益。同时,让污水排入污水管网,并通过污水处理厂处理,实现污水再生利用。雨污分流后能加快污水收集,提高污水处理率,避免污水对河道、地下水造成的污染,明显改善城市水环境,还能降低污水处理成本。国外改造合流制排水系统的终端有一种简单的做法,在终端通过设置堰墙防溢流结构,将雨污混合水引入污水处理厂,经处理再排放到天然水体中(见图 5-168)。

市政排水系统基础设施排水管道布局由"合流制"向"分流制"发展,将可利用的雨水不当废水、污水排走,实现雨污分离,是当前解决"大城市病",建设海绵城市的发展方向(见图 5-169)。

这幅漫画非常形象地指明城市管网排水系统雨污必须走分离发展之路

图 5-169

3. 与建设海绵城市有关的工程设施

海绵城市建设对促进城市绿色发展,节约利用水资源,提高城市的宜居性,创造更加安全的生产生活环境,化解"大雨必涝""城市看海""雨后即旱"的城市病(见图 5-170),具有重大的现实意义。

"城市病"的阵痛:逢雨必涝,店铺进水,汽车被淹,划船上班,城市看海

图 5-170

国家高度重视海绵城市建设,曾先后在中央城镇化工作会议、城市工作会议上进行工作部署,2015 年出台了《关于推进海绵城市建设的指导意见》,明确指出:"通过海绵城市建设,最大限度地减少城市开发建设对生态环境的影响,将 70% 的降雨就地消纳和利用。到 2020 年,城市建成区 20% 以上的面积达到目标要求;到 2030 年,城市建成区 80% 以上的面积达到目标要求。"这和给水排水工程、城市水工程专业学习内容和专业发展方向有密切关系,土建类大学生大有用武之地。

海绵城市的国际通用术语是 LID,即"低影响开发雨水系统构建"(Low-impact development of rainwater system construction)的英文缩写。

海绵城市是指通过加强城市规划建设管理,充分发挥建筑、道路和绿地、水系等生态系统对雨水的吸纳、蓄渗和缓释作用,有效控制雨水径流,实现自然积存、自然渗透、自然净化的城市发展方式。海绵城市也可称之为"水弹性城市",下雨时吸水、蓄水、渗水、净水,需要时将蓄存的水"释放"并加以利用(见图5-171)。

根据上述背景建设海绵城市刻不容缓。国家对此有明确政策导向,有规划,有近、远期具体建设目标。能够解决近些年城市发生的逢雨内涝频发,"城市看海",内涝成灾等带来的水安全建设问题。此外,城市大量缺水,而雨水却在硬化的混凝土路面上急速流走,不但白白浪费甚至还给城市建设造成安全隐患。城市缺水没解决,水资源没得到补给,城市内河水体黑臭的现实问题也没得到根治,

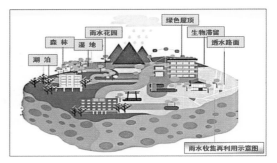

图 5-171

这些问题反映了我国城市基础设施建设的滞后与脆弱,建设海绵城市刻不容缓。

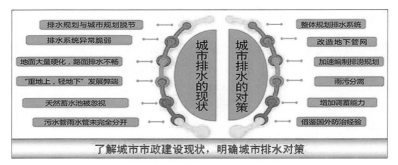

图 5-172

海绵城市建设应遵循生态优先等原则,将自然途径与人工措施相结合,在确保城市排水防涝安全的前提下,最大限度地实现雨水在城市区域的积存、渗透和净化,促进雨水资源的利用和生态环境保护。要落实这些问题必然会遇到过去城市规划下的市政建设诸多短板问题,要了解城市市政建设现状,明确城市排水对策(见图5-172)。因此,土建类大学生在学习各自的专业内容时,要把建设海绵城市的建设理念融入专业学习中,运用第一章讲过的工程辩证思维方法去联想,去思考。学习专业首先要了解市政建设现状,结合专业学习内容关注并拓展城市排水系统的对策问题。建设海绵城市相关工程设施是给水排水工程专业学习的重要内容。

4. 城市综合地下管廊建设

什么是城市综合地下管廊(Urban Underground Integrated Pipeline Gallery)? 建设城市地下管廊的现实意义是什么? 在前面有关章节,已经较为详细地介绍过。

图5-173是一张地下综合管廊横剖面示意图,在这张图上我们可以看到服务于不同行业的各种管道,分门别类、整齐划一地铺设在管廊(隧道、共同沟)的不同舱内。其中和给水排水工程专业学习有关的城市给水管道、污水管道、中水管道以及与建设海绵城市有关的工程设施在这里实现了雨污分离,地面上是绿草地,雨水调蓄池在管廊中专门布置了一个舱。画面启示我们,在城市规划指导下,海绵城市建设和地下管廊建设不矛盾,可以实现有

图 5-173

机结合;还启示我们管廊工程设计在地下,无论是设计还是管廊走向(轴线)选择及营造组织管理,均涉及城市规划、环境工程、工程地质水文地质、深基坑开挖与支护、隧道工程、工程管理、工程造价、信息技术应用等土建类各专业的学科交叉,课程融合。

海绵城市需要解决的八项具体技术问题为:①绿色屋顶;②透水地坪;③下凹绿地;④植被草沟;⑤植被缓冲带;⑥雨水花园;⑦生态滞留塘;⑧蓄水池。这些问题的解决,也需要拓宽专业知识,要和当地人文景观、生态文化结合起来。一位从事给排水设计多年的学生在谈到这个问题的解决时深有感触地说:"这需要多专业的配合,如建设海绵城市,就需要增加和补充景观建筑方向的内容。现在市政工程诸多建设内容对给排水科学与工程学生的综合素质要求越来越高,需要对整个专业学习内容体系的优化,及时充电。"(见图 5-174)

图 5-174

根据国家近期指令性建设目标和中长远规划目标,现在我国城市地下综合管廊建设经过调研、试点,结合当地城市规划,成为城镇基础建设发展方向(见图5-175)。

城市地下综合管廊建设如火如荼

图 5-175

复习思考题

1. 什么是建筑工程?社会对建筑工程的基本要求是什么?这些基本要求之间的关系应该如何处理和协调?

2. 建筑物按用途功能分为哪三大类?民用建筑按用途功能又可细分为哪些类型?按材料如何分?按结构体系如何分?

3. 在房屋建设过程中,城市规划师、建筑设计师、结构工程师、结构建造师、设备工程师等为什么要相互协调、全力配合?

4. 什么是生土结构建筑?有什么优越性?发展前景如何?

5. 什么是组合结构建筑?有什么优越性?发展前景如何?

6. 建筑结构竖向承重结构体系由哪些构件组成?水平承重方向体系(屋顶、楼盖)由哪些构件组成?下部结构基础由哪些构件组成?

7. 在建筑工程中建筑物与构筑物是两个不同的概念,它们的主要区别是什么?请举例说明。

8. 什么是特种结构?主要有哪些类型?

9. 什么是市政管道?什么是城市综合管廊?管廊截面形式主要有哪些?

10. 什么是容器结构?工程中常见的类型有哪些?结构主要承受的外荷载和作用有哪些?

11. 什么是桥梁?古代桥梁与现代桥梁主要有什么区别?

12. 桥梁工程的三大基本组成是什么?在桥梁工程中,上部结构与下部结构是如何划分的?与建筑工程相比有什么异同?桥梁工程上部结构承重体系由哪些基本构件构成?

13. 桥梁工程下部结构中墩、台、基础的位置和作用是什么?与建筑工程相比,桥梁工程的基础主要有哪些类型？为什么说在桥梁工程中基础工程实施难度较大？

14. "最牛危桥"对你有什么启示？你有什么感想？

15. 与建筑工程相比，桥梁工程的分类方法有哪些？按用途分类有哪些？按材料分类有哪些？在材料分类中，为什么组合材料有更强的竞争力？按承重结构体系分类有哪些？

16. 何谓梁式桥？何谓拱桥？何谓刚架桥？在受力性能上，梁式桥和刚架桥有什么异同？梁式桥与拱桥有什么异同？

17. 拱桥受力性能最大特点是什么？"无推力拱"设计的基本思路是什么？有什么优点？按拱桥行车道在其结构体系的位置有哪些分类？

18. 依据上部结构与下部结构的连接方式与构造做法，试述刚架桥在工程实践中有哪些类型。

19. 何谓斜拉桥？斜拉桥是由什么构件构成的？荷载传递路线是怎样的？依据索塔数量、拉索索面与索塔的连接方式可以分为哪些工程类型？

20. 西班牙那座漂亮的独塔斜拉桥，塔向后倾斜，塔后无拉索支承，思考一下，桥是如何维持稳定的？

21. 何谓悬索桥？试比较悬索桥与斜拉桥的异同。什么是地锚式悬索桥？什么是自锚式悬索桥？两者有什么区别？依据悬索桥主塔数量可以分为哪些工程类型？

22. 21世纪以来，我国桥梁工程取得了鼓舞人心、举世瞩目的成就。同学们可以通过社会调查或者互联网调研，按照自己对桥梁工程基本概念的理解试举一例做简要介绍。案例要有时间、地点、简要工程概况。

23. 为什么全球水资源严重短缺，存在着水危机？发展下去有什么严重后果？

24. 什么是水工业？为什么说水工业是21世纪的朝阳产业？给水排水工程专业或者水工程专业和这个新型产业有什么关系？你现在如何认识自己选择的专业？

25. 什么是水的自然循环？什么是水的社会循环？减少水的社会循环对水的自然循环的负面影响不能仅靠国家和政府，而是人人有责，你如何从自身做起？

26. 给水排水工程在城市基础设施建设中涉及哪些具体的工程设施？

27. 城市给水系统与传统市政供水系统相比，为什么增加了中水给水系统？什么是中水？它有什么特点？

28. 为什么要在城市排水系统中实现雨污分离？

29. 什么是海绵城市？海绵城市的建设内容及发展方向是什么？

30. 什么是城市地下综合管廊？为什么说城市地下综合管廊是城市基础设施建设发展的方向？

31. 建设海绵城市和城市地下综合管廊与给水排水工程专业有什么关系？根据你现在的认知，建设海绵城市和管廊，还需要拓展城市建设相关专业的哪些知识？

6 土木工程设施建设

学习提要

本章主要学习建设程序及建设法律、施工准备、施工要点、工程建设改革创新等几个问题。通过这几个工程建设基本概念的学习，初步了解工程建设全过程各个技术环节的相互关系及学科交叉的重要性，学会把"工程链"的工程辩证思维方法用于指导建造工程，更加明确新时代生态文明建设是工程建设发展的方向。

6.1 建设程序概述

6.1.1 定义

建设程序(Construction Program)是指工程项目从策划、评估、决策、设计、施工到竣工验收、投入生产或交付使用的整个建设过程中，各项工作必须遵循的先后工作次序及法则。

6.1.2 工程建设要遵守建设程序

工程项目建设程序是工程建设过程客观规律的反映，是建设工程项目科学决策和有序进行的重要保证，土木工程建设必须遵守工程建设程序。土木工程涉及面广，内外协作配合环节多，关系错综复杂，更需要遵守建设程序实施工程项目，这是因为：

（1）土木工程对社会发展影响巨大。它是工、农、商业和科学、文教事业发展的基础，被称为基本建设。

（2）土木工程对城市建设影响深远。它是城市规划、城市改造和城市景观的重要元素。在当前解决城市通病的改造中，市政建设热火朝天，更有其现实意义。

（3）土木工程项目耗资巨大。2003 年，全国建筑业完成产值 21 865 亿元，占当年全国社会固定资产投资总额的 39.7%。

（4）土木工程从业人员众多。2002 年，全国建设行业从业人员已达 5 000 万人，其中建筑业就有 3 893 万人；同年，我国外出务工农民 9 820 万人，其中 3 137 万人被建筑业吸纳，占建筑业从业人员的 80.58%。

（5）土木工程材料品种繁多。一项巨型建设项目往往需采用几十万甚至数百万吨位的建筑材料和制品，工程材料费用巨大。

对于在上述背景下进行的土木工程建设，了解和学习建设程序的内容，遵守建设程序，尤为重要。

6.2　建设程序基本内容

6.2.1　建设程序三个阶段

工程建设全过程要遵循基本程序,其建设过程大体经历三个阶段(见图6-1),即工程准备阶段;工程具体建设阶段;工程竣工(完成)验收阶段。这三个阶段先后次序不能颠倒。每个阶段都有每个阶段的预期工作目标,有若干子程序的工作内容,这些子程序可以根据实际情况交叉、协调、平行进行。如前期准备阶段要做的工作内容非常多,如围绕工程项目建议书的报批,提交的上报文件审批材料是否齐全? 当前特别涉及到对工程项目场地用地预审、对周围环境影响评估、水质安全、资源综合利用节能、安全评估等工作的落实。施工

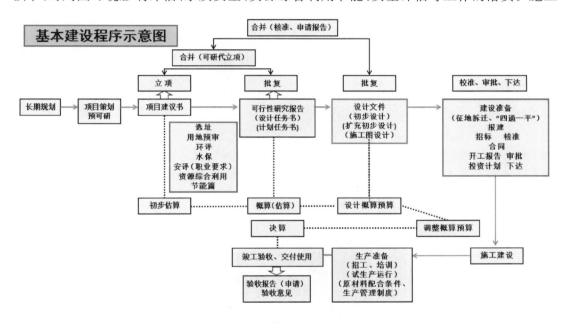

图 6-1

建设要准备施工图纸、施工招投标,办理施工许可证等。在工程建设程序中办理施工许可证是关键(见图6-2),2019年4月23日第十三届全国人民代表大会常务委员会第十次会议通过的修改之后的《中华人民共和国建筑法》修订后的第八条特别强调申请领取施工许可证应具备的六项条件,(1)已经办理该建筑工程用地批准手续;(2)依法应当办理建设工程规划许可证的,已经取得建设工程规划许可证;(3)需要拆迁的,其拆迁进度符合

图 6-2

施工要求;(4)已经确定建筑施工企业;(5)有满足施工需要的资金安排、施工图纸及技术资料;(6)有保证工程质量和安全的具体措施。建设行政主管部门应当自收到申请之日起

七日内,对符合条件的申请颁发施工许可证。这里强调的是工程建设程序一定要结合新时代把生态文明的建设要求,对环评、水保、安评、资源综合利用节能要求贯穿于建设程序始终。上述工作如果没有落实,工程项目直接亮红灯!

6.2.2 建设程序与法律意识

遵守建设程序,按建设程序做工程,是土建工程师要坚持的底线,不能当"儿戏"。

图 6-3 是 2007 年 12 月 6 日重庆一座"烂尾楼"被炸毁现场,这就是违背建设程序、违背建设规律的后果。其原因是开发项目前期准备可行性研究存在问题,背离城市规划,市场定位失误,盲目动工,开发商资金链条断裂,涉及经济案件等,造成开发的楼盘半途而废。恩格斯在《论权威》中有句名言:"客观规律是不能违背的,违背客观规律,必然受到客观规律的惩罚。"

再看下面的一则消息。

图 6-3

2017 年 11 月 2 日网上公布了一则消息,并把一组航拍到的违建房屋照片(老百姓称为野别墅)公之于大众视野,房屋违规情况令人震撼! 数百栋别墅将原本美丽的风景山区切割得支离破碎,部分别墅甚至快建到山顶了(见图 6-4 右下角小图)。现在政府有关部门决定拆除这些严重破坏生态,既没有土地证又没有房产证的违章建筑。

图 6-4

可见,违背建设程序就会造成上述案例严重后果。看看图 6-1 工程前期准备阶段,工程开工前,核准上交审批文件规定的工作内容有多少? 至少要做到下面 10 件工作:

(1)要有工程项目立项批文和投资许可证;(2)要有土地使用权证和建设工程用地

许可证;(3)要有拆迁许可证或施工现场具备施工条件的证明原件;(4)要有建设工程规划许可证;(5)要有中标通知书或洽谈确认单;(6)要有建设工程承包合同;(7)要有资金证明;(8)要有质量监督委托书;(9)要有建设工程开工安全生产条件备案表;(10)要有监理合同及监理企业资质证、营业执照。这10项工作都是工程建设基本程序前期阶段各个技术环节必须要做的工作,从基本建设流程图来看,开工报告形成前必须要申办施工许可证。上述10项工作不

图 6-5

到位或有漏项,施工许可证是办不下来的(见图6-2),采用不正当手段弄虚作假必然会触犯法律。

土建大学生从大一开始就要重视建设程序的学习,要树立工程法律意识。我们看到现实中不少"豆腐渣工程",究其原因,大都是违背建设程序造成的,有的前期准备工作不按"建筑法"要求办,提交工程项目开工审批文件不齐全,有的工程材料弄虚作假,以次充好,有的未有施工许可证,建设资金不到位就盲目施工,这能不出问题吗?土建大学生要从现实中那些违背建设程序引发的工程事故中总结经验、汲取教训,从入学开始,就立下做工程不能当"儿戏"的誓言,否则建成的工程,非常脆弱,不堪一击。让世人瞩目的超级工程港珠澳跨海通道已经通车了,从1983年构想到2004年立项可行性研究,从科学决策到桥岛隧最佳方案的选择,从2009年动工到2017年竣工,这个超级工程项目每一个建设环节,都严格遵守建设程序,遵循工程建设内在规律,在通车前夕一年多的时间里,跨海通道经历了两次强台风"天鸽"和"山竹"的袭击,特别是2018年9月16日超强台风"山竹",来势及其凶猛,而处于"山竹"风圈范围的港珠澳跨海通道魏然屹立在海上,说明大桥主体结构设计和施工实现了可抵御16级强台风的预定功能。(见图6-6、图6-7)

图 6-6

港珠澳跨海通道建设全过程就是一部生动的、令人信服的学习基本建设程序的"教科书"。

图 6-7

6.3 建设法律和法规

当前我国正在全面加强法治建设,依法治国。科学立法、严格执法、公正司法、全民守法是新时代治国理政实现两个一百年奋斗目标的重要保证。工程建设从立项到竣工验收涉及土木工程建设全过程各个建设环节乃至各参与方,这就需要调整工程建设各种社会关系及其纠纷。为了维护参与工程建设各方的正当权益,就要有建设法律和法规。首先要明确建设法律和建设法规是两个不同的概念。

6.3.1 基本概念

建设法律(The Construction of Legal)是由全国人大及常委会颁布的属于国务院建设行政主管部门主管业务范围内的各项法律。其内容主要涉及建设领域的基本方针、政策,它的法律效力仅次于宪法,在全国范围内具有普遍约束力,是建设法律体系(Construction Law System)的核心和基础。主要包括《中华人民共和国建筑法》《中华人民共和国城乡规划法》《中华人民共和国合同法》《中华人民共和国招标投标法》《中华人民共和国环境保护法》《中华人民共和国环境影响评价法》《中华人民共和国大气污染防治法》《中华人民共和国水污染防治法》《中华人民共和国固体废物污染环境防治法》《中华人民共和国环境噪声污染防治法》等(见图 6-8)。

图 6-8

建设法规,即"条例、规定、标准、规范",是由国务院制定颁布的属于建设行政主管部门、主管业务范围的各项法规。其内容一般是对建设法律条款的细化。它的法律效力仅次于建设法律。常以"条例""办法""规定""章程"等名称出现,例如《建设工程质量管理条例》《建设工程安全生产管理条例》《建设工程勘察设计管理条例》《城市房地产开发经营管理条例》《招标投标法实施条例》《建设项目环境保护管理条例》等。与同学们后续专业学习内容有关的规范和标准有:《建筑制图标准》《结构设计制图标准》《混凝土结构设计规范》《地基基础设计规范》《钢结构设计规范》《组合结构设计规范》《现行建筑施工规范大全》《建筑给水排水设计规范》《建筑中水设计规范》《建筑设计防火规范》等。每个土建类专业都有涉及设计、施工、管理、造价、验收等的技术规范和标准,这些也都属于建设法律指导下的法规类型。

6.3.2 工程建设需要法治

依法治理工程建设全过程对于依法治国有着极为重要的现实意义。工程建设需要法律和法规,这是因为:

(1)工程建设投资规模大,国家投资力度大,社会发展影响巨大

2018 年 3 月 5 日李克强总理在《政府工作报告》中列举的最新数据显示:"近五年来,国内生产总值从 54 万亿元增加到 82.7 万亿元,年均增长 7.1%,对世界经济增长贡献率超过

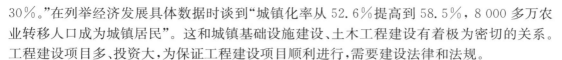

30％。"在列举经济发展具体数据时谈到"城镇化率从 52.6％提高到 58.5％，8 000 多万农业转移人口成为城镇居民"。这和城镇基础设施建设、土木工程建设有着极为密切的关系。工程建设项目多、投资大，为保证工程建设项目顺利进行，需要建设法律和法规。

（2）工程建设从业人员和企业数量大

国家在推进城镇化率的进程中，需要大量的从业人员和建筑企业。其中从业人员不仅需要数量，更需要专业素质和工程素质。因为新时代对工程建设的要求越来越高，要建设智慧城市、海绵城市、宜居城市，必然会吸引建筑企业，从业人员也会越来越多。工程建设要保护建筑企业和从业人员的合法权益，需要建设法律和法规。

（3）建筑市场发育不健全

改革开放以来，国家尽管做出很大努力依法整顿建筑市场，出台了许多建设法律和法规，但基本建设程序各个环节的衔接还存在漏洞，还需要完善。有些腐败分子，就是钻建筑市场发育不健全的空子，利用职权，官商勾结，巧立名目，窃取挪用大量的工程款而腐败的。为了从源头上、制度上解决问题，使建筑市场健康发展起来，需要建设法律和法规。

（4）工程重大质量和安全事故时有发生

前面我们已介绍了不少这方面的例子，如 2002 年投资 1.6 亿元的武汉外滩花园 22 栋楼房，因其修建于长江防洪堤内，有碍长江行洪，违反了国家有关防洪法的规定，破坏生态，为维护《中华人民共和国防洪法》的严肃性而全部炸毁。2009 年 6 月27 日，上海闵行区莲花河畔 13 层在建楼房整体倒塌。事故原因是施工单位违反《建筑桩基技术规范》要求，在该地区软土地基就近堆土，最终导致桩基断裂，楼房整体倾覆。2010 年 11 月 15 日，上海市静安区胶州路 728 号公寓大楼发生特别重大火灾事故，造成 58 人死亡，71 人受伤，直接经济损失 1.58 亿元，对 54 名事故责任人做出严肃处理，其中 26 名责任

2016年江西丰城发电厂"11·24"冷却塔施工平台坍塌特别重大安全责任事故，造成73人死亡。为严肃工程建设法治，31人被采取刑事强制措施。

图 6-9

人被移送司法机关依法追究刑事责任；国务院事故调查组查明，这起特别重大火灾事故是一起因企业违规造成的责任事故。2011 年 10 月 20 日，铁道部公布的"骗子包工头，厨子修铁路"事件，是一起典型的工程质量重大责任事故。2016 年 11 月 24 日国务院严重处理造成 73 人死亡的江西丰城发电厂冷却塔施工平台坍塌特别重大事故。这些重大的质量和安全事故，说明工程建设加强严格执法，加大执法力度的现实性和必要性（见图 6-9）。

6.3.3　建设法律和法规与专业学习的关系

土建类大学生在学习法律相关内容时，千万别认为这不是专业课内容，与专业学习无关，不重视，觉得这是文科法律专业学生的事。在第一章大工程观的学习中曾举过一个例子，2005 年华中科技大学武昌分校土木工程专业有一个毕业生考取了清华大学法律专业方向研究生，毕业后，在深圳一家律师事务所工作，接到了许多涉及工程建设参与方纠纷的案

子，因为这位学生有两个专业的学习背景，既了解工程建设基本程序，又了解相关法律知识，在调查、处理、解决这些工程纠纷问题时得心应手，后来成了这家事务所的首席律师。还有不少文科学生如新闻专业、法律专业，甚至外文专业的学生在学校选修了《土木工程概论》，打开了眼界，拓展、丰富、深化了专业学习内容。

再如土建类大学生毕业后大多要从事与工程建设活动有关的各项工作，在工程建设活动中要代表各自参与方尽到职责，如果仅有专业技术，不了解或者不懂建设法律和相关法规，就无法和工程项目的各参与方沟通、协调，工作就会迷失方向。《中华人民共和国建筑法》是建设法律的大法，是工程建设活动的基本法，必须遵守。

《中华人民共和国建筑法》第七章第七十四条规定如图 6-10 中文字内容，同学们读文字都能读下来，但是如何坚定执行，这绝不能当儿戏。执行条款要结合专业知识界定，让参

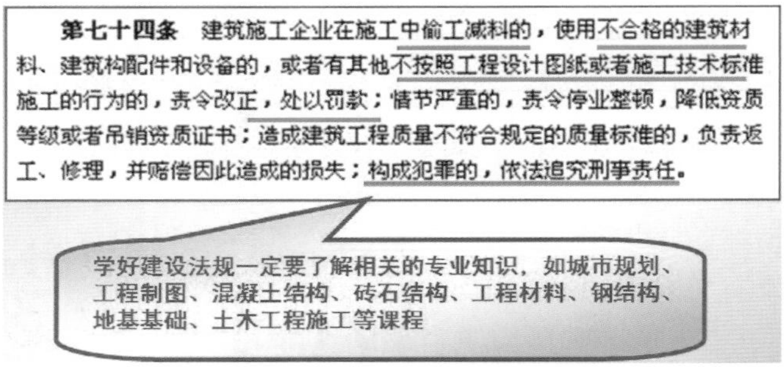
第七十四条 建筑施工企业在施工中偷工减料的，使用不合格的建筑材料、建筑构配件和设备的，或者有其他不按照工程设计图纸或者施工技术标准施工的行为的，责令改正，处以罚款；情节严重的，责令停业整顿，降低资质等级或者吊销资质证书；造成建筑工程质量不符合规定的质量标准的，负责返工、修理，并赔偿因此造成的损失；构成犯罪的，依法追究刑事责任。
学好建设法规一定要了解相关的专业知识，如城市规划、工程制图、混凝土结构、砖石结构、工程材料、钢结构、地基基础、土木工程施工等课程

图 6-10

与各方在法律面前心服口服，必须要有专业基础理论的支撑，这就是执行建设法律与自己所学专业内容的关系。如果施工图纸都看不明白，施工技术标准都没搞清楚，对购进的工程材料的质量验收标准也一无所知，出了问题或纠纷如何执行？

再如了解了工程建设基本程序各阶段的流程和建设法律，在当前商品房交易中也可防止上当受骗。有的购房者买了房子拿不到房产证，有的房子买下来质量出了问题而房地产商扯皮不管，有的购房定金被骗，等等。土建类大学生有了建设法律的基础知识，就可帮助此类购房者维护正当权益，避免财产损失。国家明文规定房地产商在预售商品房时应具备《建设用地规划许可证》《建设工程规划许可证》《建筑工程施工许可证》《国有土地使用证》和《商品房预售许可证》，简称“五证”（见图 6-11），还要有两书，即《住宅质量保证书》和《住宅使用说明书》。如果房地产者不提供“五证”“两书”，特别是《国有土地使用证》《商品房预售许可证》，是不能购买的。购房要有“五证”保护，因为“五证”反映了你购买的房子前期是严格按照工程建设程序走的，房产和房屋质量是有保障的，房子的建设是合法的，自然会受到国家法律的保护。

房地产法规与《五证》
建设用地规划许可证
建设工程规划许可证
建筑工程施工许可证
国有土地使用证
商品房预售许可证
商品房预售许可证

图 6-11

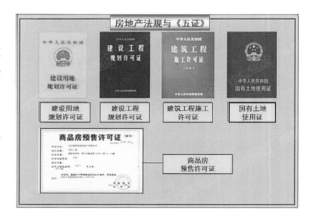

学习建设法律和法规可以更好地理解国家每个时期科学立法的方向,更加自觉地把专业学习内容和宪法指导下各项建设法律结合起来,做一个头脑清醒的土建类大学生。针对当前经济社会发展带来的诸多"城市病",如环境污染严重、生态系统退化、发展与人口资源环境之间存在的矛盾日益突出的民生现实等问题,国家为推进生态文明建设,正在全面清理现行法律法规中与加快推进生态文明建设不相适应的内容,加强法律法规间的衔接,因此建设法律体系在不断充实、修订、完善。2016 年 12 月最高人民法院、最高人民检察院针对环境污染刑事案件适用法律若干问题做了更加详细的诠释和规定,使无视国法严重破坏环境、破坏生态的刑事案件的界定有法可循,可见国家在加大力度依法治理环境污染。还有针对目前建筑装配工业化发展现状及存在问题,2016 年住房城乡建设部及时发布国家标准《工业化建筑评价标准》,又针对新时代对工程建设发展环境的要求,及时发布《2016—2020 年建筑业信息化发展纲要》,旨在增强建筑业信息化发展能力,优化建筑业信息化发展环境,加快推动信息技术与建筑业深度融合发展。用制度保护生态环境,国家在研究制定节能评估审查、节水、应对气候变化、生态补偿、湿地保护、生物多样性保护、土壤环境保护等方面的法律法规,修订土地管理法、大气污染防治法、水污染防治法、节约能源法、循环经济促进法、矿产资源法、森林法、草原法、野生动物保护法等方面的法律法规。这一切说明党和国家坚定不移带领全国人民走生态文明建设之路。

党的十九大把新时代这一重大建设方针用宪法的形式固定下来,充分体现了全国人民的意志。土建类大学生是生态文明建设的开拓者和建设者,关注国家大事,学好建设法律和法规,把专业学习内容和生态文明建设结合起来,充实专业学习的内容,是新时代的要求。

生态文明是人类文明发展的一个新的阶段,即工业文明之后的文明形态;生态文明是人类遵循人、自然、社会和谐发展这一客观规律而取得的物质与精神成果的总和;生态文明是以人与自然、人与人、人与社会和谐共生、良性循环、全面发展、持续繁荣为基本宗旨的社会形态。

6.4 建设施工

建设施工因土木工程设施对象不同有建筑施工、道路施工、桥梁施工、市政管道施工和综合管廊施工等。这一节围绕建设施工基本程序等基本概念,介绍建设施工的大体过程。

6.4.1 基本概念

以建设程序第一阶段中的工程项目可行性研究报告、建设场址勘察报告、项目对周围生态环境影响评估报告为主要设计依据,经过结构选型、方案比较,选择最佳方案设计的施工图,将施工图转变为实际的建筑物或构筑物的过程,就是建设施工。这个过程是指工程建设实施阶段的生产活动,是各类建筑物、构筑物的建造过程,也可以说是把设计图纸上的各种线条,在指定的地点变成实物的过程。图 6-12 是一张房屋施工图,它是由平面图、立面图和剖面图组成的。如何把图纸上展示的各类线条,在指定的地点变成实物,其过程就是建设施工,对于房屋来说,就是建筑施工。施工的依据是图纸,图纸是工程师的语言,因此工程制图及其制图标准一定要学好。识图是工程师的基本功。

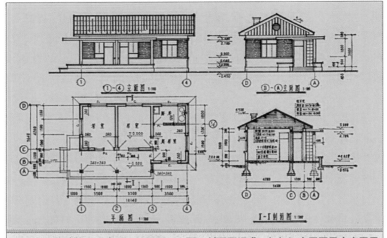

这是一张房建施工示意图,由平面、立面、剖面图组成。如何把房屋图示内容展示的各类线条,在指定的施工地点变成实物,这一过程就是建设施工。施工依据就是图纸,图纸是工程师的语言

图 6-12

建筑施工内容按房屋建设规律包括平整场地、拆迁工程、土石方工程、基础工程施工、主体结构(钢筋、模板、脚手架、塔吊、预应力混凝土等工程)施工、屋面工程施工、装饰工程施工、结构安装施工等。施工作业的场所称为"建筑施工现场"或叫"施工现场",也叫工地。图 6-13 是 2008 年武昌军威苑小区高层住宅建筑施工现场,画面显示±0.000 室内地坪以下桩基础工程已做好(埋在地面以下),主体工程整个施工现场在塔吊施工作业面控制范围内,1~2 层钢筋混凝土工程施工就绪,现场堆放着钢筋及其加工设备、梁板柱构件制作施工模板,现场施工活动按施工组织计划有序进行。

图 6-13

6.4.2　施工准备

施工准备(Construction Preparation)是指施工前为了保证整个工程能够按计划顺利施工,事先必须做好的各项准备工作。它是建设程序上报的工程项目能否如期开工并进入建设程序第二阶段建设施工的重要环节,必须认真对待。

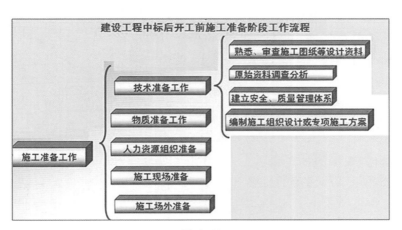

图 6-14

施工准备工作包括五个方面的工作:技术准备、物质准备、人力资源组织准备、施工现场准备、施工场外准备(见图 6-14)。其中,物质准备包括组建建筑材料准备,构配件、制品加工准备,建筑安装机具准备,模板脚手架准备,生产工艺设备准备;人力资源组织准备包括组建工程项目领导管理机构,对班组进行施工、安全、质量交底,建立和健全项目管理规

图 6-15

章制度,对职工组织技术培训等。同时还要做好工程现场基准点复核与控制网的建立(把施工图纸放样到现场)。施工场地要做好"三通一平",或根据实际情况需要做到"四通一平""七通一平"等,这是施工现场准备重要的一环。所谓"三通一平",即施工场地要通水、通电、通路、平整土地;"四通一平",即通水、通电、通路、通信、平整土地;"七通一平",即通水、通电、通路、通邮、通信、通暖气、通天然气或煤气、平整土地。根据国家、住建部关于新时代工程建设围绕管理程序化、内部管理信息化的总体建设目标,施工准备应突出工程建设现场文明管理和安全管理。现在全国不少知名建筑施工企业推出的"六牌两图"(见图 6-15)或"十牌两图",都是围绕落实国家有关工程建设法律和法规,文明施工、安全施工的具体措施的细化。所谓"十牌两图",即①工程概况牌;②工程管理人员及监督电话公示牌;③安全生产牌;④文明施工牌;⑤消防保卫牌;⑥安全十大禁令牌;⑦安全生产六大纪律牌;⑧十项安全技术措施牌;⑨"三宝、四口"防护规定牌("三宝"是指安全帽、安全网、安全带,"四口"是指楼梯口、电梯井口、预留洞口、通道口的防护设施要定型化、工具化,并安全可靠);⑩质量、环境、职业健

康目标牌；"两图"是指建筑施工效果图和施工现场平面布置图（见图6-16）。现场平面布置图可以理解为施工现场场地使用的规划，内容包括：

（1）工程施工场地状况；

（2）拟建建（构）筑物的位置、轮廓尺寸、层数等；

（3）工程施工现场的加工设施、存贮设施、办公和生活用房等的位置和面积；

（4）布置在工程施工现场的垂直运输设施、供电设施、供水供热设施、排水排污设施和临时施工道路等；

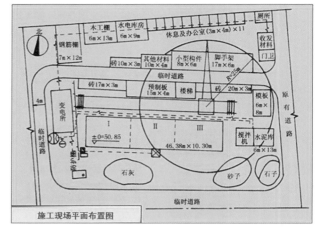

图 6-16

（5）施工现场必备的安全、消防、保卫和环境保护等设施；

（6）相邻的地上、地下既有建（构）筑物及相关环境。

新时代对工程建设施工准备、施工现场的要求，就是要确保施工现场安全生产和文明施工。

图6-17是按上述要求进行施工准备的施工现场。具体来说现场必须实行封闭式管理，沿工地四周连续设置围挡，围挡材料要求坚固、稳定、统一、整洁、美观，高度一般不低于1.8 m。施工现场的主要道路、加工区和生活区地面为防止扬尘污染大气环境要进行硬化处理。混凝土路面厚度不应小于200 mm，强度等级不应低于C_{20}，并满足车辆行

按新时代工程建设要求进行安全文明施工现场

图 6-17

驶要求。工地出入口必须设置车辆冲洗设施及沉砂井、排水沟，场内平整干净，沟池成网，排水通畅，集中清淤，无积水，污水不得外溢至场内场外。图6-18显示施工现场周边设置

施工现场实行封闭式管理，沿工地四周连续设置围挡，围挡材料要求坚固、稳定、统一、整洁、美观。高度一般不低于1.8 m

图 6-18

图 6-19

围挡,封闭式管理。图 6-19 显示施工道路硬化处理。

　　施工场地要设置有效排水措施,严禁污水未经处理直接排入城市管网和河流。临建设施搭设应符合《施工现场临时建筑物技术规范》(JGJ/T 188)规定。施工现场办公区、职工生活区与施工作业区要明显分隔。图 6-20 示意职工生活区与施工作业区严格分离,职工生活体现"人性化"管理,为提高职工职业素质,还设置了学习技术培训基地。

图 6-20

　　施工现场所用材料、构件、料具必须按施工现场总平面布置图分类堆放,布置合理,要设置标识牌,包括名称、规格、品种、产地、进场时间、检验情况等;易燃、易爆物品设置专用库房分类存放(见图 6-21)。

　　图 6-22 中两张照片显示施工现场为实现文明生产所采取的措施:左边照片示意砌筑工程所用预拌砂浆,采用存贮罐搅拌,避免砂、灰露天扬尘,污染空气环境;右边照片示意模板工程集中在加工区封闭进行,防止灰尘、噪声污染周围环境。

　　图 6-23 中一组照片显示:现在的施工现场生产管理体现"以人为本""百年大计,安全第一",安全生产措施是现场文明施工的重要标志。

图 6-21

图 6-22

图 6-23

总之,施工准备要围绕新时代工程建设要走生态文明建设之路的要求进行;现场管理要继承传统,同时还要与时俱进,锐意改革、创新。曾有一位生产经理深有感触地说:"管理要体现以人为本,要针对班组质量、安全、技术交底存在的共性问题,调查研究,适时组织职工技术培训,结合思想教育工作,把'十牌两图'及其内涵落到实处。"

6.4.3　施工要点

施工准备就绪,待提交的开工报告通过上级主管部门审批后,就进入建设程序第二阶段——建设施工。

之前提到的 2008 年武昌军威苑小区由投资方开发的城市商品房高层住宅建设工地,结构类型是框架剪力墙结构,±0.000 室内地坪以下地下结构选用桩基础工程方案。这里结合这个具体工程项目建设过程,简单介绍施工前期准备和施工要点。在工程前期准备阶段施工图设计为什么采用桩基础方案?前面曾经提到工程施工图设计的依据是建设场地工程地质勘查资料(见图 6-24)。之所以选择桩基础施工方案,是因为建设场地经过工程地质勘查,发现地面以下 25 m 范围内是淤泥,物理状态稀软,无法成型(见图 6-25),这说明地基软弱,无法承载主体结构高层住宅给它施加的巨大作用力(荷载),而承载力很高的岩石在 25 m 以下。根据前面讲过的荷载传递路线,要把主体结构传来的巨大荷载通过基础传递给岩基,就必须借助于桩,这就是桩基础施工图的设计依据。

图 6-24

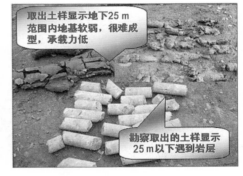

图 6-25

桩基础是由三部分组成的,桩、承台、上部结构。在桩基础设计中,承台是很重要的构件,它起到承上启下的作用,下面连接着桩,上面连接着上部结构的墙或柱,构成了一个完整的结构系统。上部结构通过墙或柱把结构荷载传递给承台,承台把结构荷载及其自重通过承台下面布置的桩或桩群传递给坚硬的持力层。该工程施工图就是根据场地工程地质勘查资料和上部结构荷载传递结构布置情况,选择了桩基础施工方案,这样,设计就建立在科学调查研究的基础之上,并有现场勘察资料作为依据。图 6-26 示意的是该工程桩基础概念设计构思的形成。

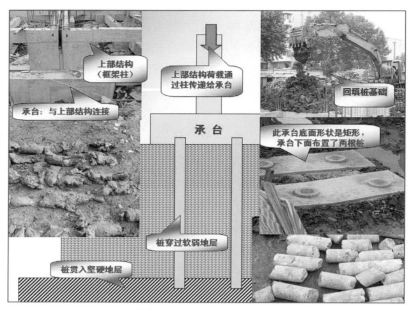

图 6-26

有了上述桩基础概念设计的构思,结合上部结构选型和结构布置,桩基础施工图就可设计了,其中一个重要内容就是设计桩位布置施工图。顾名思义,这张图说明桩在现场的具体位置在哪? 连接它的承台形状是什么样? 承台下设置了几根桩? 桩的承台布置的排列形式是怎样的? 具体位置在哪? 承台与上部结构的连接关系怎样? 通过这张图就一目了然了。有了这张图,就可根据工程测量的技能把图纸内容定位到施工现场,接下来就要考虑围绕桩基础施工进行桩材选型,购货数量,施工机械,人力(项目领导机构、按施工工种组织的专业班组)、财力、物质等方面的准备,组织施工,具体细节依据拟定的施工组织计划运行。

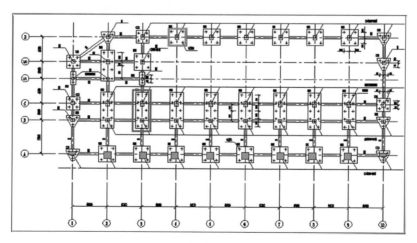

图 6-27

图 6-27 是桩位平面布置图。从图中可看到,桩基础是由桩和承台组成。桩布置在承台下,+号示意是桩的位置,承台与上部结构框架柱连接。承台的形状有的是三角形,如 1

号横向定位轴线与纵向定位轴线 A、B 相交的两个承台；有的是方形，如 2 号横向定位轴线
与 A 纵向定位轴线相交的承台；还有的是矩形。荷载传递路线是，上部结构荷载通过框架
柱传递给承台，承台再把上部结构荷载及承台自重通过下面布置的桩穿过软弱地层，传递
给坚硬的地层（地基）。

　　该工程桩基础选型采用最新高强预应力钢筋
混凝土管桩（Prestressed High Strength Concrete
Pipe Pile，缩写为 PHC，见图 6-28），其特点有：
① 桩身强度高，PHC 桩均采用 C_{80} 以上的混凝
土，采用先张法预应力制作，因而承压力较高，能
抵抗较大的抗裂弯矩，具有较强的工作性能，桩身
能在恶劣的施工环境下保持完好，大大减少裂桩、
断桩事故的发生；② PHC 桩由专业厂家大批量自
动化生产，桩身质量稳定可靠；③ PHC 桩穿透力

图 6-28

强，足够的压力下，可穿越较厚的砂质土层，确保桩端嵌固于较好的持力层；④ 静压施工时，
施工现场简洁，无污染、无噪音，能保障文明施工；⑤ 由于 PHC 桩的单桩承载力相对较高，
其环形截面所耗混凝土量较少，因而单位承载力造价最省。

　　桩基础施工要点：场地选址，拆迁房屋，平整场地；施工单位进场，组建施工管理机构
（见图 6-29）；根据施工平面图设置办公区和原材料临时存放设施，现场施工做到"三通一
平"；施工机具、构件进场；桩址放样定位、将桩贯入持力层，施工过程根据贯入桩的长短实
际情况接桩（桩短了接）、截桩（桩长了截）；然后进行承台施工，连接上部结构、回填基础，施
工上部结构等。

图 6-29

图 6-30 示意施工单位进场后，根据工程特点、现场周边生产环境和实际情况建立健全安全文明生产管理规章制度，并按施工平面图要求搭建临时现场办公用房，原材料堆放处，实施文明生产施工现场管理。

图 6-30

图 6-31 示意组织与桩基础施工有关的货源进场。

图 6-31

图 6-32

图 6-32 示意大型机械施工机具全液压静力压桩机进入施工现场，安装、调试就绪。

图 6-33 示意根据图纸设计桩孔位置，通过工程测量仪器把图纸放样到施工现场。这是土建类大学生必须掌握的技能。

图 6-33

图 6-34

图 6-34 示意桩孔定位后,采用"一点吊"吊立方法,把管桩吊起,对准桩孔,再用压桩机把桩贯入(压入)持力层,即工程地质勘查确定的坚硬的地层上。

接桩是因为从工厂购置的管桩长度与现场要贯入持力层的实际桩长不符,管桩贯入的长度不够了,就像图 6-35 中那样,需要工人师傅在现场接桩。接桩施工工艺有多种,具体选择什么方法要根据实际情况选择,此图中采用了电焊方法。

图 6-35

按桩位平面布置施工图的要求,把桩位处所有的管桩压入坚硬的地层上之后,如图 6-36,所有管桩露出施工作业面的长短不一,工人师傅要为下一步施工承台做准备,需要根据承台底面的位置(设计标高)和管桩与承台的连接长度构造要求进行截桩。

图 6-36

图 6-37

图 6-37 示意工人正在把承台底面以上多余的桩截断。

图 6-38 示意把承台底面之上的桩截断,留足桩与承台连接的接头,现场清理后,上部结构与桩基础的连接部分承台底面形状就出来了。有三角形的,有矩形的,有方形的,工程中承台的平面几何形状也就是这几种类型。桩在承台底面的布桩方式在此画面中显示的也就是两种,梅花式和行列式。

图 6-39 示意,根据图纸要求确定上部结构与承台的连接位置,为承台施工与主体连接做准备。承台是桩基础连接桩与上部结构的重要部分,有具体的几何形状和尺寸,那么,在现场如何做承台?

图 6-38

图 6-39　　　　　　　　　　　　　　　　图 6-40

　　钢筋混凝土结构承台在现场就是采用现浇钢筋混凝土结构施工工艺做出来的。建造过程包括在《建筑施工》专业课程中的钢筋工程、模板工程、混凝土工程等学习内容中。钢筋工程主要是根据图纸设计要求配置钢筋,具体来说承台里的钢筋型号、直径、强度等级、数量、设置位置施工要符合设计要求,另外进场的钢筋货源要么是成卷的,要么长短不符图纸要求,需要加工切断、调直、除锈等,钢筋型号也可能不是图纸要求的,需要代换,这些工作内容都需在钢筋工程施工指导下有序进行(见图 6-40、图 6-41)。

图 6-41　　　　　　　　　　　　　　　　图 6-42

　　模板是混凝土成型的模具,其类型因材料而异,有钢模板、木模板、钢塑模板等。模板工程具体来说,是使新浇筑混凝土成型并养护,使之达到一定强度后拆除的临时性的模型板。图 6-42 示意工人根据承台施工图的要求,在钢筋工程做好后,用木制的模具按承台的立体形状支好,这个过程就是模板工程。

　　混凝土工程,包括购置商品混凝土、运输、浇筑、振捣、成型、养护等施工过程。图 6-43 中画面显示工人手持混凝土振捣棒在现场作业,目的是使还没有成型的呈流塑状态的混凝土通过振捣充填到模板和钢筋的各个角落,经过科学养护成型,产生强度,形成坚硬的承台实体。这是混凝土工程在承台施工过程中的应用。

图 6-43   图 6-44

图 6-44 显示的是钢筋混凝土承台结构,按照上述钢筋工程、模板工程、混凝土工程三个施工程序建造完成后的现场。

承台做完了,还要和上部结构连接,如何连接? 图 6-45 示意的就是承台与主体结构框架剪力墙连接的构造做法。画面显示的是三角形承台(承台底面下按梅花式设置了三根桩)与上部结构框架柱的连接。仔细观察并思考一下,为什么柱子在这里要分开,要留出一条缝隙?

图 6-45   图 6-46

以上就是桩基础包括桩和承台两部分的施工做法。桩基础属于深基础的一种,深基础是用特殊的施工机具建造的。无论是深基础还是浅基础,建造之后,基础都要回填。图 6-46 显示用挖土机进行分项工程基础回填。

图 6-47 显示的是要把地下结构承台与桩全部填埋起来,一直填埋到室内地坪 ±0.000 处。

图 6-47　　　　　　　　　　　　　　　　图 6-48

图 6-48 显示,地下结构被埋置以后,工人在用施工机具碾压夯实地面(地坪),为主体结构的建造做准备,这又是一个施工程序。结合工程做法,了解了这些细节,就能够知道土建类各专业如何与工程管理、工程造价相结合了。

图 6-49 是上部结构首层建筑平面实际图,是基础填埋并清理之后的现场。将现场画面和左上角的小图示意的建筑底层平面施工图结合工程实践比较一下,图纸线条基本内容通过以上施工程序已经做出来了。

此后,就在此基础上,按照钢筋混凝土工程做法,即前面提到的钢筋工程、模板工程、混凝土工程等,各专业班组协同努力,继续完成上部结构的施工。房子越建越高,如何轻便地垂直运送建造材料就位,这又牵涉到施工吊装工程的一些内容。该工程施工现场选用的是塔式起重机,用它一直做到结构封顶。下面还是结合具体工程来介绍。

图 6-50 显示该工程下部结构桩基础回填后,主体结构从首层开始,一层一层按钢筋工程、模板工程、混凝土工程施工要领建造起来。

图 6-49

图 6-50　　　　　　　　　　　　　图 6-51

图 6-51 显示每一层楼面(标准层)模板工程、钢筋工程均按画面中这样做出来,钢筋工程、模板工程为下一步混凝土工程施工程序做准备。

混凝土工程施工内容:将购置符合设计要求的商品混凝土用汽车泵通过布料杆送到楼板处浇筑、振捣、成型、养护达到符合要求的设计强度。图 6-52 显示一层楼面混凝土浇筑现场。

图 6-53 显示每一层混凝土浇筑到主体结构的构件梁、板、柱、墙经养护成型产生强度拆模后的真实样子。

楼越建越高,工程材料、建筑构配件如何运送到施工地点? 这牵涉到施工运输设备如施工升降机(施工电梯)、塔式起重机等,这是建设施工的吊装工程内容。图 6-54 示意塔吊在承担着现场两栋高层住宅施工的垂直运输。

以上结合了一个上部结构是框架剪力墙结构,下部结构是 PHC 钢筋混凝土预制管桩桩基础的实际工程项目建造过程,介绍了如何把设计施工图纸上的各种线条变为现实工程的基本做法及施工要点。这里强调的是上面展示的建筑

图 6-52

施工内容仅仅是建设施工中的一个片段,但任何工程建设项目,必须依据建设程序,根据工程项目建设的具体内容,拟定施工组织计划,遵守建设施工客观内在规律的基本原理是不会变的。例如,同样是做桩,当时军威苑工区围绕桩基础的施工就出现了两种做法,一种是上面提到的 PHC 管桩做法,桩是工厂标准化生产,是预制的,质量有所保证;一种是现场做桩,即在现场采用钻孔灌注桩的施工方法。

图 6-55 示意钻孔灌注桩施工机具和现场为施工准备的泥浆循环池。在桩孔定位处由钻机的钻头开孔,按设计要求的桩径钻眼做孔,为防止施工过程中桩孔坍塌,采用泥浆护壁维持桩孔平衡,一直把桩孔做到持力层,再清理孔下钢筋笼,浇筑混凝土。这样的施工现场管理和 PHC 施工现场管理是不一样的。两种桩基础施工做法,建造桩基础的目标一样,但施工程序有差别。钻孔灌注桩不存在接桩、截桩程序,但有钢筋工程在现场绑扎制作钢筋笼的程序;在施工现场平面布置上也不一样,钻孔灌注桩现场要设置泥浆循环池,这是为满足桩孔护壁和清渣的需要。

图 6-53   图 6-54

图 6-56 显示钻孔灌注桩现场清理后的情景。可以清楚地看到桩头与承台底面连接情况,待桩进行载荷试验判定成桩的承载力达到设计要求后,就可在其上进行承台施工。

图 6-55   图 6-56

图 6-57 显示施工现场在做载荷试验。载荷试验是一种模拟建筑物基础工作条件的测试方法。它是根据桩的使用功能,模拟主体建造给地基逐级加压至地基土破坏,从而判定地基土层的承载力及沉降量,这是目前世界各国用以确定地基承载力的最可靠的方法。

建设施工内容因土木工程设施对象不同,使用功能不同,环境、地形、地质条件不同,施工条件不同,拟定施工组织计划涉及的工程管理、工程造价等内容必然不能生搬硬套书本知识或某一个工程项目的内容,必须要了解施工现场,要调查研究,要根据工程建设对象和现场实际情况拟定有针对性的切实可行的施工组织计划,这是更重要的内容。看看下面几幅施工图片,与前面桩的做法看似一样,但实际上有很大区别,建造程序施工组织计划不能机械照搬,要根据施工对象具体设计。

图 6-57　　　　　　　　　　　　　　　　图 6-58

图 6-58 中显示的也是一根根做好的桩,再看看施工现场,纵向很长,施工对象不是房子,而是在修路。为什么要做这么多桩? 这是因为在修路架桥工程中,经过勘察,路下面有软弱地基,如果不处理,地基在公路移动荷载作用下,产生不均匀沉降,路面就会凹凸不平,影响使用功能,于是就出现了画面上的内容。画面展示的桩,工程上叫 CFG 桩,虽然称呼它是桩,但它并不是前面提到的桩基础基本概念意义上的桩。它是地基处理的一种方法,其工作基本原理属于复合地基。图中桩体没有钢筋,因此现场就无须组织钢筋货源,无须考虑钢筋加工等施工临时设置内容,钢筋工程工作内容省略了。桩体材料是由素混凝土(无钢筋配置)材料组成的,用的材料比普通混凝土材料便宜,是由碎石、石屑、砂、粉煤灰掺水泥按照一定配合比加水拌和,经成桩机械长螺旋(麻花)钻机(见图 6-59)按一定施工工艺将混合料贯入孔中养护成型的。CFG 桩正是这些混合料水泥(Cement)、粉煤灰(Fly-ash)、石屑(Gravel)的英文缩写。这种桩混合料虽然不使用成本较高的钢筋,但以水泥、粉煤灰(工业废料)、粗细骨料(石屑、砂)与水拌和,经水化反应产生的强度,想要把多余的桩去掉也是不容易的(见图 6-58 右下角小图)。同时还可利用复合地基工作机理产生强

图 6-59

度,提高软弱地基承载力。CFG 桩在工程中有着较好的技术经济效果,是很被人们看好的。

图 6-60 显示的是清理后的 CFG 桩施工现场。把它和图中左上角的小图比较一下,钻孔灌注桩现场清理后,上面要和承台连接做上部结构;这里 CFG 桩现场清理后,也要通过一定的构造做法(褥垫)和上面的路基路面连接。

在道路工程中用CFG桩施工工艺加固地基清理后的施工现场

图 6-60

6.4.4　改革创新

前面谈到的建设施工要点基本上是传统的施工技术和方法。现在国家和政府在通过一系列文件,积极推动建筑装配工业化、工程项目管理信息化,这是今后建设施工发展的走势和工程项目管理发展的方向。

2015 年 11 月 14 日住建部出台《建筑产业现代化发展纲要》,计划到 2020 年,装配式建筑占新建建筑的比例达到 20%以上,到 2025 年装配式建筑占新建筑的比例达 50%以上,并出台了《装配式混凝土结构技术规程》(见图 6-61);2016 年编制了《工业化建筑评价标准》并开始实行;同时国务院出台《国务院办公厅关于大力发展装配式建筑的指导意见》,对大力发展装配式建筑重点区域、未来装配式建筑占比新建筑目标、重点发展城市进行了明确规定。这就是今后建设施工发展的走势,要学会把专业课程学习到的基本理论、基本原理、基本技能和国家政策导向结合起来,以适应社会大环境的需要。

装配式建筑(Prefabricated Building),是指将建筑物构件如墙体、柱、梁、楼板、屋顶等在工厂预制(生产)好,装运到需要建筑的现场,如同"搭积木"一样,把预制的混凝土(PC)构件配搭起来成为整体的建筑物(见图 6-62)。这和传统施工中,需将钢筋、混凝土等建筑材料运至施工现场进行浇筑,其建造过程要有配套的钢筋工程、模板工程、混凝土工程、脚手架工程等是不一样的。在学校里学习除了了解传统做法,还要把学习的重点放在理论与实际的结合上,熟悉装配式建筑施工做法。

图 6-61

装配式建筑最大的特点是可以使施工模块化,即将构件在工厂按建筑设计要求集合成若干模块,运到现场,干净利落地建造成建筑(见图 6-63)。

图 6-62　　　　　　　　　　　图 6-63

装配式建筑具有以下五个特点：

（1）大量的建筑物构件由车间生产加工完成，构件主要指预制混凝土（PC）构件，其种类主要有外墙板、内墙板、叠合板、阳台、空调板、楼梯、预制梁、预制柱等。

图 6-64 是将在工厂生产的预制外墙板，采用建筑、装修一体化设计、施工。

图 6-64

图 6-65 显示建筑物除 PC 构件外，还有大量的建筑物部品如卫生间、厨房等空间也可在工厂生产加工。

图 6-65

图 6-66 显示不同房屋结构类型装配化建筑施工现场，画面集中反映了装配式建筑施

工管理采用建筑、结构、装修一体化以及环保减排的显著特点。

图 6-66

（2）现场施工大多是装配作业，和现浇钢筋混凝土结构施工现场（钢筋工程、混凝土工程）扬尘、湿作业比较，对环境、大气污染大为减少。

图 6-67 是钢筋混凝土结构施工现场传统管理与建筑装配工业化施工现场的比较。左侧图是传统施工现场，施工平面图包括钢筋混凝土工程，因为是现场制作，涉及传统施工程序诸如要留出模板工程、脚手架工程、钢筋工程等堆料、构配件堆放空间，工地显得凌乱、扬尘多，对城市环境有污染。右侧图是建筑装配工业化施工现场，墙体（包括门窗洞口）是在工厂预制好的，仅楼板结构用商品混凝土有序浇筑，工地洁净、开阔、敞亮，仅有钢筋加工场，工地无扬尘，施工作业面洁净，对周围环境、大气污染少。

图 6-67

（3）装配式建筑采用建筑、结构、装修一体化在工厂集成，形成建筑、结构、机电、装修产业链，融合建筑市场，与主体施工同步进行。

（4）装配式建筑最大的特点是构、部件设计模数化、生产标准化、施工模块化，因此装配式建筑的发展必然依托于建筑信息化模型技术（Building Information Modeling，BIM），并由其助力建筑装配工业化（见图 6-68）。

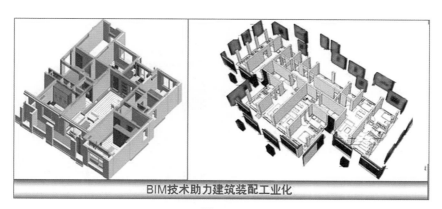

BIM技术助力建筑装配工业化

图 6-68

2018年1月住建部颁布《建筑信息模型施工应用标准》并决定在全国实施,说明把 BIM 技术用于工程建设迫在眉睫,亦是大势所趋。BIM 技术是一种应用于工程设计、建造、管理的数据化工具,能够将工程项目在全生命周期中各个不同阶段的工程信息、过程和资源集成在一个模型中,以便于工程各参与方使用。通过三维数字技术模拟建筑物所具有的真实信息,为工程设计和施工提供相互协调、内部一致的信息模型,使该模型达到设计施工的一体化,各专业协同工作,从而降低了工程生产成本,保障工程按时按质完成。

图 6-69 说明:从工程项目前期可行性研究、概念设计到可行性研究报告文件编制、招投标、施工准备、施工过程、竣工验收整个过程由业主方搭建 BIM 平台,组织业主、监理、设计、施工多方,进行工程建造的集成管理和全生命周期管理;同时在三维数字技术基础上又把施工组织进度和建设资金在建设中的流动过程,通过 BIM 5D 技术实现全过程工程管理和工程造价成本的管控。BIM 信息技术在工程建设中的应用是全方位的。

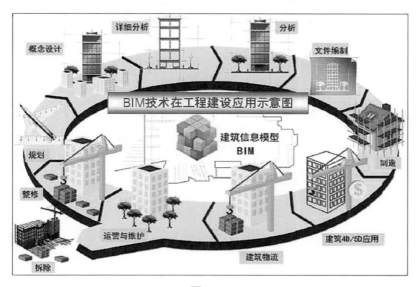

图 6-69

BIM 技术有可视化、协调性、模拟性、优化性和可出图形五大技术特点。应用这些特点,必然给施工企业项目全过程精细化管理、企业集约化管理和企业信息化管理带来强大的数据支撑和技术支撑,这就突破了以往传统管理技术手段的瓶颈,促进工程项目管理的革命(见图6-70)。而装配式建筑的特点,构件、建筑物部品设计的标准化、管理的信息化,更加符合BIM技术的实际应用。用BIM技术指导装配式建筑施工,必然促成构件标准化、生产高效化、生产成本降低化,密切配合工厂的数字化管理,使整个装配式建筑的性价比越来越高。

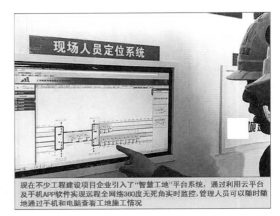

现在不少工程建设项目企业引入了"智慧工地"平台系统,通过利用云平台及手机APP软件实现远程全网络360度无死角实时监控,管理人员可以随时随地通过手机和电脑查看工地施工情况

图 6-70

(5)建筑装配工业化符合绿色建筑发展要求,符合新时代城镇建设要走生态文明建设之路的大方向,是减少城镇建设对环境污染的有力措施。装配式建筑融合绿色建筑发展理念是工程建设发展的方向(见图6-71)。

装配式建筑融合绿色建筑发展理念是工程建设发展的方向

图 6-71

希望土建类大学生按时代对工程建设发展的要求,结合专业学习,提高学习自觉性,多发问、多思考,做一名符合新时代要求的土建类大学生。

学习思考题

1. 什么是建设程序?为什么工程建设要遵守建设程序?

2. 根据基本建设程序示意图流程内容,试用"工程链"各技术环节环环相扣的内在规律,分析工程建设为什么要遵守建设程序。

3. 什么是建设法律?什么是建设法规?两者有什么区别?请举例说明。

4. 工程建设为什么需要法治?执行建设法律和法规与专业学习有什么关系?请举例说明。

5. 在房产交易中为什么说购置的房屋没有"五证""两书"背景,财产损失不受法律保护?在"五证"中最关键的是哪两个证件?

6. 工程建设开工必须办理施工许可证,办理施工许可证要做哪些准备工作?

7. 土木工程各类工程设施施工现场,工程做法主要是两种,一类是现浇,一类是预制。

根据自己的理解,请举例试述两种做法的区别和优缺点。

8. 什么是装配式建筑? 它有什么特点? 为什么说装配式建筑施工是今后建设施工的发展方向?

9. 什么是 BIM 技术? 英文全称是什么? 为什么说 BIM 技术在推动工程建设管理现代化,助力建筑装配工业化?

10. 在装配式建筑发展中,由建筑、结构、机电、信息、装修、市场等形成的产业链已越来越被建筑各行业所认可,社会各行业纷纷加入这个产业链是不争的事实。"社会存在决定社会意识",作为在校学习的土建类专业大学生,你有什么感悟?

附　录

以现代工程为背景，进行生动有效的工程教育

罗福午[①]　于吉太[②]

提要　从新生入学起，就以现代工程为背景，以信息技术为手段，开设工程概论课，对学生进行工程教育，不仅对工科学生建立工程意识、增强学习动力效果显著，而且作为文、理科学生的选修课也有重要意义。

Abstract　From the beginning of freshman admission，taking modern engineering as the background，taking information technology as the means，setting up the engineering introduction course and carrying on the engineering education to the students，not only has the remarkable effect for the engineering students to establish the engineering consciousness and strengthens the study motive force，but also as the article，the science students' elective course is also of great significance.

关键词　（Key words）

现代工程　　　Modern Engineering
工程链　　　　Engineering Chain
工程教育理念　Engineering Education Concept
土木工程概论　Introduction of Civil Engineering

工程教育是高等教育中的重要组成部分，高等工程教育改革是当今世界各国的共同课题。面对 21 世纪现代工程对人才的需求，如何培养一大批能综合应用现代科学理论和技术手段，懂经济、会管理、兼具人文社会科学知识的高素质工程技术人才，是高等院校特别是高等工科院校急需研究解决的现实问题。

目前我国的高等工程教育，本科教育仍是重点；但高等院校的工程教育无论在知识结构、课程设置、实践教学环节方面，还是在课堂教学的内容、方法和手段方面，都存在着一些

---

①　罗福午．Luo fuwu　清华大学土木工程系教授。
②　于吉太．Yu jitai　济南大学土木工程系教授。

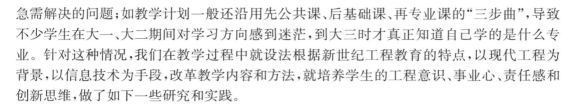

急需解决的问题;如教学计划一般还沿用先公共课、后基础课、再专业课的"三步曲",导致不少学生在大一、大二期间对学习方向感到迷茫,到大三时才真正知道自己学的是什么专业。针对这种情况,我们在教学过程中就设法根据新世纪工程教育的特点,以现代工程为背景,以信息技术为手段,改革教学内容和方法,就培养学生的工程意识、事业心、责任感和创新思维,做了如下一些研究和实践。

一、高等院校的工程教育要从新生入校时抓起,有效地解决工程教育教学中的"断奶期"和学生学习方向上的"彷徨期"问题

新生入学,选择了专业,迫切希望了解专业的内涵,确定今后人生努力的方向,这是学生跨入大学校门首先要解决的思想实际问题。如何以现代工程为背景,按照21世纪对现代工程专门人才基本素质的要求,高起点、高目标地对大一新生进行工程教育,是完成高等工程教育培养目标的起点和关键。为此,我们为大一新生开设了"土木工程概论"课。但是,对还没有接受过专业知识的新生进行工程教育,难度确实很大。讲深了,太专业,学生很难听懂,达不到预期效果;若泛泛地讲,学习内容多,又受到课时的限制,很难完成教学任务。在这样的情况下,选一本适合新生学习的工程启蒙教材至关重要。《土木工程(专业)概论》(以下简称《概论》,由清华大学罗福午教授主编)是一部体现现代工程教育理念、很有特点的教材,内容新颖,又通俗易懂。多年教学实践证明,这本教材不仅适用于土木工程专业新生的工程教育,同时对非土木的其他工程专业,甚至对文、理科专业学生进行工程教育,都是很好的教科书。其次,以信息技术为手段,用现代教育理念进行教学内容、方法、手段的改革也非常重要。以信息技术为手段,就是根据教学需要,通过教学设计,挖掘教材内涵,及时从国内外的工程网站,将土木工程中的新鲜事物和新闻中有关土木工程的前沿知识、工程案例(成功的、失败的、令人鼓舞的、令人震撼的)补充到电子教案中去,充分发挥多媒体教学优势,生动形象地对学生进行系统的工程教育,使学生从心灵深处接受现代工程的熏陶,开拓学习视野,活跃工程思维,激活学习动力,确定人生奋斗方向。一位学生在《独上高楼,望尽天涯路》的学习体会中写道:"《概论》成了我本学期'快乐课'的课本……起初认为土木工程乏味无聊,听不懂,可和课本配套的电子课件,每次都让我有身临其境的感觉,回味无穷!"这使我们深深感到,兴趣是最好的老师,经过这样实际的工程教育,不仅使学生纠正了由于不了解专业带来的认识上的偏差,摈弃了那些土木工程又"土"又"木",土木工程专业是培养"高级泥瓦匠"的偏见;同时也使学生明确了学习方向,增加了学习动力。一位学生在学习心得《我的新大陆》一文中写道:"小时候我梦想成为知名专家,一步一步很明确;初中学习是为了心目中的高中;高中刻苦勤奋是为心目中的大学;而到了大学却有些茫然了,似乎忘记了儿时的梦想……这门课程就像沙漠中的一滴水,在我最渴的时候给予我帮助,使我终生难忘;它犹如一盏明灯,照亮了我整个世界,给了我奋斗的方向。"

二、工程教育要以现代工程为背景,引导学生把专业学习纳入到工程链中进行,培养学生现代工程意识和思维方式,自觉树立现代工程人才的价值观

众所周知,工程是人们综合应用科学(包括自然科学、技术科学和人文社会科学)理论和技术手段去改造客观世界的实践活动。传统的工程教育所呈现的是改造世界、征服自然的特征,培养的是向自然开战,获取资源财富以满足人类需要的技术应用型人才。这种价

值取向,是工业革命时代大学教育的必然选择,其思维方式往往是局限的,强调的是单纯工程技术思维。后来随着科学的发展,工程教育又偏向单纯的工程科学,在教学中应用的是科学思维模式。直到 20 世纪 80—90 年代,国际高等工程教育界才提出完整的"工程"和"工程教育"概念;90 年代初,美国麻省理工学院提出:"工程是关于科学的开发利用和关于技术的开发利用,并在物质、经济、人力、政治、法律和文化限制内满足社会需要的,一种有创造力的专业。"当代科学技术发展突飞猛进,人们在工程实践中面对的是现代工程。现代工程具有科学性、技术性、社会性、综合性、实践性、创造性等特征,内涵在不断发展,形成了一条有序的"工程链"。从构思(方案)到样品、产品、商品、产业是一个过程;工程是在工程链中进行的,如下图所示:

研究 → 开发 → 设计 → 制造 → 运行 → 管理

工程链中的每个环节都有大量技术问题、经济问题和社会问题需要解决,因此用单一技术或科学思维模式进行工程教育都是不能适应现代工程面临的实际需要的。现代工程教育理念应当跨越自然科学、社会科学和人文科学的分界,不再把人与自然看成征服与被征服的矛盾关系,不再把"战胜自然"视作人类力量的表现,应该变"改造自然""征服自然"为"改善世界""善待自然"的价值导向。因此在工程教育中,一方面要向学生讲明建造各类工程设施,是为了满足人类物质和精神文明的需要;同时还要教育学生在工程建设中要善待地球、保护生态,强调工程的可持续性发展,这些都是现代工程不可忽视的实际问题。培养学生这样的现代工程思维,就自然与教育学生怎样做人、做事联系在一起了。一位学生在《给梦想插上翅膀》的体会中写道:"《概论》书中提到 21 世纪的工程师要做好四个问题的准备:1. 会不会去做(能否在科学技术上解决工程难题);2. 可不可以做(能否在政策法规下遵照法律把事办成);3. 值不值得做(能否在人、财、物和时空约束下经济合理地完成任务);4. 应不应该做(能否自觉的考虑生态可行性和工程持续性),这四个问题不仅是工科学生应该考虑的,也是所有大学生将来从事任何工作的行为规则。"可见,这样的现代工程教育能够使学生在学习过程中接受这种现代的人才价值观,明白做人做事首先要学会做人的道理。一位学计算机的大三同学说:"现代工程的概念让我的思维有了很大的转变。我学的是计算机,学习着眼点往往是细化了的某个问题,而没有形成整体去把握工程的概念……土木工程与计算机有很多相似之处。计算机专业有一门课程是'软件工程',学习了《概论》,更加强了我对软件工程设计精髓的理解。如果当初没有选修这门课,恐怕我到现在都不知道自己所学专业与其他专业竟有如此的渊源。土木工程概论课对我来说真正重要的不是学到了多少东西,而是在思想观念上有了一个质的转变。我们所学的专业都源于社会,并且最终还要服务于社会;如果脱离了'社会'这个大体系,任何一个专业都不可能有实际作为。"还有的学生用自己朴实的语言去描述工程链的特征:"我学到了一种思维,一种工程思维,这种思维对我感触很大,影响也很大。建筑一座房子不是随便堆几块砖就成的,它需要经过许多过程。首先,要选址,要勘察地形,要钻探地质,然后才能设计,设计中还要考虑建筑功能、抵御自然灾害,要与周边环境和谐协调;设计者往往有多个方案,要选择其中最优方案,最后才投入施工,施工中要进行合理的管理,每一步都要保证质量合格,不然就会出工程事故,最后工程才能竣工,才能使用。"这段文字描述的工程链多么生动!工程教育以现代工程为背景,使不同专业的学生(包括文、理科)领略到工程思维的方法,把学习有机地纳入工程链系统中,学会用工程思维去考虑工程链中遇到的各种问题,这种开阔的思维方法,必然会促使学生朝着有利于培养复合型、创新型人才的方向发展。

三、工程教育要强调现代工程师必需具备的人才素质和能力要求,特别是创新精神,它不仅对工程专业学生是必要的,对文、理科学生也是需要的

本世纪,随着教育科研生产一体化、科学技术综合化、社会发展理性化、经济发展全球化和教育终身化对教育有重要影响的五大发展趋势日益明显,人们的人才观和教育观必然会发生转变。

现代工程师,不仅要能综合运用科学理论和技术手段来分析与解决各种工程问题,承担工程科技开发与应用的任务,还应当具备包括知识、能力、品德三个方面的基本素质。知识方面,应掌握必需的自然科学知识、专业技术知识和人文社会科学知识;能力方面,应具有获取并处理信息的能力、分析解决问题的能力、组织管理和参与社会活动的能力,以及不断创新的能力;品德方面,不仅要具备伦理道德、社会公德,还要具有职业道德,如强烈的事业心、高度的责任感、不断进取的毅力、团结协作的精神、良好的个人修养等。

美国工程师专业发展委员会(ECPD)对现代工程师的要求是:"有深厚的数学、物理学和工程科学基础,能够把工程原理和技术领域外有关的经济、社会、法律、美学、环境、伦理问题有机结合起来。他们必须是一位善于构思并形成概念的专家,能设计,会开发,是新技术的形成者,行业标准的制订者——他所做的一切都是社会所需要的。工程师必须会规划和预测、系统化和评估——能够对公众的健康、安全、福利和财富有利害关系的系统和组成部分作出判断。创新是工程师的中枢(灵魂,本句原文为 Innovation must be central to the engineer)。"可见,现代工程师不再是单纯的技术工作者,而应该是综合型人才,他不仅应具备工程科技方面的知识和能力,还应具有人文科学和社会科学的素养,而创新是工程师必须具备的素质,也是当代大学生必须具备的能力和素质。

不少文科学生经过"土木工程概论"的工程教育,激活了大脑中那些"纯文科"的知识,进行了"大脑革命"。一位英语专业三年级的学生在一篇 *A DOOR TO GLORY* 学习体会中谈道:"过去学习除了英语还是英语,利用一切时间看专业书,从不看课外书,学习的知识面非常窄;接受工程教育后,使我的学习思路豁然开朗,就像在迷茫的黑暗中一道通向光明的门被打开了。瞬间,许多以前从未真正体会到的东西——wonderful, fantastic, magnificent, glorious……奔涌而来。21 世纪需要的是复合、应用、创新型的人才,大学生真的要有危机感、使命感、紧迫感啊!"一位管理学院的三年级的学生在《难忘的选修课,难忘的收获》一文中写道:"21 世纪我国需要的是复合型、应用型,创新型的专门人才,Innovation must be central to the engineer,不仅是工程专业的学生要求具备的能力和素质,各个专业的学生都应该具备创新精神。拥有创新意识,才能打开思路,开拓视野,突破本专业的框框,让所学的专业知识更好应用在实践中,让专业知识焕发出新的生命火花。土木工程概论课将我从'井底之蛙'的学习尴尬境地中解脱出来,给我指出了一条崭新的道路,这是我以前所没有想到的。"

此外,《概论》还告诉大学学生生活的特征、大学的学习方法要领、学习自身的规律和原则,以及大学的学习过程。这些都是过去大学课程中从来没有过的。这就等于给予学生一把钥匙,让他们自己发挥学习的积极性和自主性,主动去打开大学学习生活的大门。一位

土木工程专业的学生在学习总结中写道:"进大学后的第一感觉是'困惑迷茫紧张',是《概论》和'土木工程概论'课使我清醒地对待大学生活;我第一次知道学习还有应该遵循的规律和原则,第一次知道大学学习的线索是什么,真有一股跳出庐山认清庐山真面目的感觉。"

综上所述,传统的工程教育偏重于技术教育或科学教育,不符合现代工程教育理念。高等工程教育要解决低年级与高年级学习内容严重脱节的问题,工程教育要从新生入校抓起。应该认识到运用现代工程教育理念,不但能够培养工程意识,树立创新思维,而且能够极大地调动学生学习的积极性和自主性。拓宽专业知识面不仅对工科学生是必须的,同时对文、理科学生也是需要的。要做到这一点,以现代工程为背景,以信息技术为手段,结合学生思想实际,挖掘教材内涵,精心组织教学内容,改革教学手段和方法,开拓学生学习视野,进行实际、生动、有效的工程教育,是高校目前工程教育改革必须认真对待的课题。

参考文献

1. 罗福午. 土木工程(专业)概论[M]. 武汉:武汉理工大学出版社,2001.8

2. 朱高峰. 新世纪中国工程教育的改革与发展. //"中国工程院教育委员会'工程教育论坛'"的发言

3. 王碧云,陈闻晋,刘光临. 可持续发展理念与工程教育改革[J]. 教育发展研究,1999(12)

4. 卿德藩,佘明亮. 工程教育"工程化"不足的问题与对策[J]. 理工高教研究,2003(05)

工程教育需要大工程观的研究与教学实践

于吉太①

摘要　工程教育需要大工程观是 21 世纪高等工程教育的现代教育理念,是培养卓越工程师必须要坚持的教育理念,理论研究要为人才培养目标服务。本文结合工程教育教学环节的关键问题,紧密结合教学实践,有针对性的进行工程教育创新和改革,在如何把大工程观融入课程建设和工程教育中,积极探索,取得了经验和可行做法,最终实现学生大面积受益,有效提高人才培养教育质量。

Abstract　Engineering education needs the "Engineering With A Big E" is the modern educational idea of higher engineering education in the 21st century, is the educational idea that must be adhered to in order to cultivate outstanding engineers, and the theoretical research should serve the goal of talent training. This paper combines the key problems of engineering education and teaching links, closely unifies the teaching practice, carries on the engineering education innovation and the reform, in how to integrate the big engineering view into the curriculum construction and the engineering education, has actively explored, obtained the experience and the feasible practice, finally realizes the student to benefit in a large area, effectively improves the talent training education quality.

关键词　大工程观(Engineering With A Big E)
　　　　工程教育(Engineering Education)
　　　　教学环节(Teaching Process)
　　　　大面积收益　(Large Area Gain)

新世纪以来,作者结合教学实践,长期致力于工程教育改革,取得阶段性成果,论文《工程教育需要大工程观的研究与教学实践》2013 年 10 月获得湖北省第六届教育科学优秀成果二等奖。

工程教育需要大工程观(Engineering with a big E)是当今工程教育改革的热点问题。作为一种教育观,它反映了 21 世纪世界由工业文明进入生态工业文明时期的一种教育理念,反映了世界高等工程教育的潮流和新的面向,工程教育需要大工程观的教育理念顺应时代发展,势在必行。教育部新近启动卓越工程师教育培养计划,这是我国从工程教育大国走向工程教育强国的重大举措,要加快这种转变,坚持现代工程教育理念,用大工程观指导高等工程教育改革,实现工程教育创新,提高高等工程人才培养教育质量是关键。

---

① 于吉太,华中科技大学武昌分校城市建设学院教授。

一、以大工程观为导向，更新人才培养观念，是培养卓越工程师的思想前提

毫无疑问，21世纪高等工程教育人才培养目标是现代工程师。什么是现代工程师？现代工程师的基本素质是什么？如何培养大学生的现代工程素质？在工程教育中这是必须解答和解决的问题。工程教育改革坚持大工程观，势必涉及专业整合、专业综合改革试点等一些实际问题，这是目前高校正在深入做的。大工程观作为一种新的教育理念，作为教师，笔者更看重的是大工程观的内涵和其丰富的工程辩证思维方法。即学习专业技术，不能让学生把专业学习死死的设定在专业框架、专业范围的视野内，要引导学生把专业学习的视角放大，with a big E，要打破狭隘专业思想障碍(breaking the barriers)，把专业技术学习纳入到现代工程大系统中、纳入到工程链中去分析，去思考如何培养现代工程师的工程素质。辩证唯物主义认识论指出，正确的思想、理念来源于实践，同时反过来指导实践并被实践所检验，从这个意义上来说，大工程观无疑是21世纪现代工程实践派生出的一种新的教育理念。其实在工程教育中强调把观察问题的视角放大，就是遵循现代工程建设的内在规律，培养学生学会全面的而不是片面的、发展的而不是静止的、联系的而不是孤立的、整体的而不是局部的学习专业领域的工程技术问题，这种观察工程问题的方法是21世纪现代工程的特征决定的。现代工程具有鲜明的科学性、社会性、综合性、实践性、创新性等时代特征，这些特征要求工程教育不能把专业技术学习与现代工程系统割裂开来，要把专业问题回归到大工程中去，要用工程辩证思维的方法，把专业学习与工程结合起来，把工程与社会结合起来，把工程与经济结合起来，把工程与法律结合起来，把工程与管理结合起来，把工程与伦理道德结合起来，只有坚持这样的教育理念，高等工程教育人才培养目标，才符合21世纪人才国际化的工程素质培养要求。美国工程技术鉴认协会(ABET)是全世界公认的专业认证评估机构，该机构对现代工程师的评估标准是："With a strong background in mathematics, basic physical sciences and engineering sciences, the engineer must be able to interrelate engineering principle with economics social legal aesthetic environmental and ethical issues, beyond the technical domain."这是我们很熟悉的一段话，意思是：工程师不仅要有厚实的数学、自然科学、工程科学等基础知识，而且还必须要有能把工程原理运用到技术领域之外的经济、社会、法律、美学、环境、伦理道德等领域结合起来的能力。值得一提的是，原文在论述工程师的评估标准时，特别强调工程师的综合工程素质，这里用了must（必须）的语气，可见综合素质是评估工程师工程素质必须要有的。欧洲工程师协会联盟对于注册"欧洲工程师"提出了16项基本业务能力，其中把"对其同行、雇主和顾客、社区和环境应负的责任"摆在了首位。

进入21世纪以来，国内外发生了许多令人震惊的特大工程案例，这些案例从反面告诉我们，工程教育中培养工程师的综合素质，提高工程师的社会责任意识是不能忽视的。2010年4月22日，发生在美国墨西哥湾的石油钻井平台爆炸并沉没的事故，给世界带来了史无前例的生态灾难，经英国石油公司2010年9月8日出示的调查报告确认，这场灾难是由于机械故障、人为判断失误、工程问题等一系列因素所致，是工程师不负责任、粗心大意造成的。2002年1月25日投资1.6亿元的武汉"外滩花园"建成后又被炸毁，这起重大工程事故，不是"外滩花园"22栋房屋建筑设计、结构设计、工程技术出现了问题，而是规划方案违反国家防洪法规，给长江防洪带来后患，是影响国计民生、破坏生态的违法建筑。2009年6

月 27 日上海闵行区莲花河畔景苑小区一栋在建 13 层楼房整体倒塌工程事故,经查倒塌楼房不是因房屋结构设计出现技术问题引起,而是由工程建设未按桩基施工规范要求酿成的人为灾害事故。2010 年 11 月 15 日,上海静安区胶州路 728 号大楼发生的特别重大火灾事故,导致 58 人遇难,71 人受伤,直接经济损失达 1.58 亿元,国务院定性这是一起因企业违规造成的责任事故,结果涉及的方方面面有 54 人受到严肃处理,其中 28 人受到党纪、政纪处理,26 人受刑事审判,其中有不少人是国家和人民培养的重要的工程技术骨干,在工程建设运行中,这部分人之所以掉链子,栽跟头,酿成终身大错,不是技术性方面的素质薄弱引起,而是平时不重视工程综合素质的培养和提高所致,以致成为工程技术人才培养的废品。2011 年 10 月 20 日,媒体报道的在建吉林靖宇至松江铁路存在严重工程质量隐患问题,经铁道部 2011 年 11 月 12 日报告证实,靖松铁路“骗子承包、厨子施工”问题情况属实,这是一起典型的工程质量重大责任事故,铁道部并依此作出决定,将相关部门的工程技术管理人员清除出铁路建设市场。这些工程事故经济损失是惨痛的,社会影响是深远的,人才培养教训是深刻的。总结事故发生的原因,直接由工程技术层面发生的原因甚少,大都是因为工程建设运行中,工程管理、经济法规、工程环境、伦理道德、责任意识等非技术层面出现了问题而酿成大祸。这些活生生的工程事故,很值得工程教育反思:1. 以大工程观为导向,更新人才培养观念实为必要,重视工程师综合素质培养和提高,这是培养卓越工程师的思想前提。2. 工程师的素质包括技术层面和非技术两个层面,工程师素质教育不仅要重视技术层面的,更要重视非技术层面的。当前工程教育改革要处理好技术层面和非技术层面矛盾发展不均衡问题,面对工程问题,从理论到实际的结合上,引导学生正确回答和解决会不会做、可不可以做、值不值得做、应不应该做的问题。3. 工程教育内容要按现代工程建设规律要求,具体的说按卓越工程师和人才国际化的培养目标要求,着手进行专业设置综合改革,工程教育要把专业学习与工程结合起来,把工程与社会结合起来,把工程与经济结合起来,把工程与法律结合起来,把工程与管理结合起来,把工程与伦理道德结合起来,提高学生综合素质是高等工程教育人才培养方向。

二、工程教育需要大工程观要结合课程建设改革进行,要把先进的工程教育理念融入课程建设中去,要针对课程特点,围绕人才培养目标的要求,运用大工程观视角优化、整合、组织教学内容,实现工程教育改革创新,让学生受益

综上所述,工程教育需要大工程观是适应 21 世纪现代工程建设的先进教育理念。作为先进理念,理论研究固然重要,但教学理论研究的根本目的是要指导教学实践。围绕 21 世纪人才培养目标,把大工程观教育理念融入课程建设中去,是工程教育改革,提高本科教学质量的关键。目前高校正在实施教育部的“本科教学工程”,其主要精神是强化教学环节、提高教育质量。正如“本科教学工程”强调的,教学研究成果、教学改革要围绕提升人才培养教育质量。所以改革要有针对性,要抓住教学环节带有共性的关键问题和薄弱问题,抓住主要矛盾,深入研究,突破难点。下面,笔者围绕土木工程教育教学存在的共性问题、关键问题,谈谈如何用大工程观指导基础课和专业课的课程建设,解决教学环节的难点,提高教学质量。

问题一:工程教育和工程师素质教育要从新生入学做起,工程教育界已达成共识,可新生入学,工程概念一片空白,专业学习方向迷茫,学生缺乏动力。面对这种状况,目前高校

是通过土木工程专业基础课《土木工程概论》课程设置来解决,可课时很少,只有16～24课时,要向新生介绍的工程技术又非常专业、宽泛。面对新生这样的授课对象,如何进行大工程观教育、现代工程师素质教育、树立卓越工程师理想目标教育? 这是该课程教学环节必须面对、必须要解决的现实问题。

问题二:新生入校,要面对专业选择,学校这时往往是有的专业爆满,有的专业存在办学危机。经过入校和专业教育,虽有所好转,但是还有许多学生思想不稳定,这种局面不改变,会影响到正常教学秩序,这也是现实问题。那么,应如何通过大工程观教育,引导学生理智选择专业、认识专业、热爱专业,明确专业学习发展方向,为后续专业课学习打好基础,提高学习自主性,激发学习动力?

问题三:大工程观教育必然涉及不同专业方向学科交叉和专业基础课程的整合,如何交叉、如何整合,如何构建专业基础课大平台,这是专业综合改革试点遇到的实际问题。

问题四:专业课教学改革遇到的难题是如何把庞杂的课程群,按教育部减少必修课比例和课时的精神,进行整合、优化,做到课时既压缩,又不失课程体系的科学性、系统性、完整性。

问题五:专业课教学难,学生到位率差,这是高校本科教学不争的事实。学生难学是感到专业课理论抽象,内容繁杂,难于理解;教师难教是因为感到课时少,内容多,要赶进度,照本宣科,用课件"电灌",以致教学效果差。

上述问题是土木工程教育教学在教学环节中,直接影响人才培养教育质量的关键问题,工程教育改革必须解决这些问题,解决途径是:

(1)更新专业基础课土木工程概论教学内容。教学内容要以大工程观为导向,以21世纪现代工程为背景,把专业技术教育与现代工程教育结合起来,与培养现代工程师素质教育结合起来。要运用数字技术,精心制作与上述教学内容配套的立体化电子教案,把国内外有代表性的工程案例加以筛选,及时组织到电子教案中去,生动有效地进行工程教育。要让学生在快乐中感受大工程体验,领悟工程思维、工程意识,了解什么是现代工程师素质,激发学生励志,从入学就开始,树立实现卓越工程师理想目标的使命感、责任感。

(2)把土木工程概论的教学,扩展到土建类相关专业。把原本只限于土木工程专业开的基础课,扩展到土木工程、工程管理、环境工程、给排水工程专业,这样做既符合现代工程建设内在规律要求,又可帮助学生了解专业、理性选择专业。这样做,笔者已进行了三轮教学,现有成熟的教学大纲和配套的数字化教育资源。

(3)深化专业课教学改革。按大工程观教育理念,把工程建设涉及岩土工程方向的五门课程,整合为《土力学与基础工程》,并按精品课程建设要求,将其教育资源全部上网,经过五轮教学实践,不断努力,解决了工程教育改革在专业课教学的难点问题。

(4)培养卓越工程师,教师要提高自身素质。工程教育需要大工程观的教育理念要落实到课堂教学,关键是教师;实现卓越工程师培养计划的目标,关键还是教师。教人先教己,要培养学生成为卓越人才,教师就要提高自身素质。教师要与时俱进,要学习运用数字技术,要创新教育理念,要研究现代高等教育教学法,把现代教学与传统教学方法有机结合起来,要研究如何遵循学生的认知规律,把工程教育的内容深入浅出,用"白话"表述抽象的

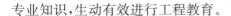

专业知识,生动有效进行工程教育。

三、工程教育需要大工程观指导课程建设改革,以及可达到的教学效果

"实践是检验真理的唯一标准",检验大工程观的教学效果,要体现以学生为本,以育人为本,教学效果要放到课堂教学实践中去检验,要了解学生对教学改革的真实感受。为此,笔者针对课程建设的特点和预期要达到的建设目标,设计了问卷调查统计表,两门课程均提出 10 个问题,每个问题列出学生学习的三种感受,进行统计分析,经过大面积问卷调查,两门课程学生对教学效果满意度均为 100%,学校教育部门测评分是 96 分。下面以土木工程概论课程教学效果调查为例,说明大工程观教育理念指导下的课程建设改革,可达到的教学效果。2011—2012 学年度该课程在 17 个教学班,分为四个大课堂授课,学生总共 595人,调查表发放 595,收卷 588,占实际学生数的 98.8%,由于是大面积问卷调查分析,调查结果应该是真实的、客观的。

表一是由 2011 级土木工程 1105—07 三个班和工程管理 1101—03 三个班组成的课堂调查统计分析:

学习效果调查统计表一

专业班级:工程管理 1101—1103 土木工程 1105—1107 学生人数:206 调查人数:205

对课堂教学效果评价			学习前对专业认识程度			对教学内容理解程度		
满意	163	79.5%	了解	70	34.1%	能听懂	55	26.8%
基本满意	42	20.5%	有所了解	130	63.4%	大部分听懂	141	68.8%
不满意	0	0.0%	不了解	4	2.0%	很少听懂	8	3.9%
听课兴趣程度			学习后对专业认识程度			对构建土建环大平台认识		
有兴趣	176	85.9%	热爱专业	195	95.1%	有必要	185	90.2%
有所兴趣	27	13.2%	院内调整	7	3.4%	不易消化	17	8.3%
无兴趣	2	1.0%	院外调整	3	1.5%	没必要	3	1.5%

对今后学习发展方向明朗程度		
明确	189	92.2%
有所认识	14	6.8%
不明确	2	1.0%

这是六个班的大课堂,听课学生数是 206 人,参与调查的学生是 205 人,其中对课堂教学效果满意的是 163 人,基本满意 42 人,不满意的没有,基本满意率为 100%,对教学内容大部分听懂的占 95.6%,对授课内容有兴趣的占 85.9%,对今后专业学习发展方向明确的占 92.2%。

表二是由给水排水工程 1101—02 两个班,环境工程 1101—02 两个班组成的课堂调查统计分析:

学习效果调查统计表二

专业班级:环境工程 1101—1102 给排水 1101—1102 学生人数:126 调查人数:126

对课堂教学效果评价			学习前对专业认识程度			对教学内容理解程度		
满意	93	73.8%	了解	25	19.8%	能听懂	43	34.1%
基本满意	33	26.2%	有所了解	94	74.6%	大部分听懂	78	61.9%
不满意	0	0.0%	不了解	7	5.6%	很少听懂	5	4.0%
听课兴趣程度			学习后对专业认识程度			对构建土建环大平台认识		
有兴趣	105	83.3%	热爱专业	113	89.7%	有必要	112	88.9%
有所兴趣	17	13.5%	院内调整	8	6.3%	不易消化	13	10.3%
无兴趣	4	3.2%	院外调整	5	4.0%	没必要	1	0.8%

对今后学习发展方向明朗程度		
明确	114	90.5%
有所认识	11	8.7%
不明确	1	0.8%

表二是 4 个班的课堂,听课学生数 126 人,参与调查的学生数 126 人,100%的学生参加了调查。值得注意的是,该课堂的学生因大部分是被调剂过来的,思想很不稳定,经过入学专业教育,仅有 25 人对专业学习方向了解,大部分学生还处在观望状态。经过大工程观教育,学习专业思想稳定的由 25 人增加到 113 人,已占到学生总数的 90%,对教学内容大部分听懂的占 96%,对课堂教学效果,满意的 93 人,基本满意 33 人,没有不满意的,满意率为100%,明确今后专业学习发展方向的占 90.5%,这些数字反映了学生大面积受益,实现了最佳教学效果。

经过大工程观的教育,学生对打通土建类专业构建大平台的认识视野豁然开朗。有一位学环境工程的学生在《经脉贯通,顺畅圆融》的学习体会中谈道:"题目,也许很容易让人联想到武侠小说,但实际上,这是通过对土木工程概论的学习帮我开启的一扇门,一条学习思路。土木工程的概念,不再是建造各类工程设施的科学、技术、工程的总称,而是各种工程技术以及先进思想的融合与贯通。"这是学生用朴素的语言总结的大工程观思想。接受了大工程体验的学生,能用自己的语言谈论"专业学习与工程的那些事",能运用大工程观的视角,论述专业技术学习与工程建设、工程环境、经济法律、工程管理、工程材料,伦理道德等的关系,并悟出要实现卓越工程师的理想要从现在做起!学生们说,"要成为卓越工程师,这是学无止境的境界,也是一个现在就要开始为之努力的口号"。学生从大一就树立起这样的奋斗目标,这不正是我们工程教育界所期望的吗?还有一点要提的是,土木工程概论课程并不是政治理论课,也不是思想教育课,然而,在工程教育中,学生同样受到了生动的人文情怀的培养教育。一位学工程管理的学生总结道:"我最大的变化就是情感意志上的转变。我似乎发现一个正在沦陷的领域——道德。我终于明白为什么我们要上思想道德课,为什么从小要上道德课。但似乎中国的应试教育已严重扭曲了这个方向。从小与高考关系不大的课程被冷落,导致本应从小学做人的我们似乎倒过来了,先学知识,再学做人。而往往学做人的环节却被省去了,从小就被灌输功利主义的我们在道德面前越来越显得麻木无从。而今在经济迅猛发展的大形势下，越来越多的人开始放弃原有的道德标准，随波逐流，早已不知何为道德，甚至以遵守道德标准为耻，如此下去，我们还有多少人会重视做人？在无视道德的领域里，卑鄙成为卑鄙者的通行证，高尚只能作为高尚者的墓志铭。"在工程教育中，学生能有这样的思想感悟，明确了做人与做事的关系，这不正是培养卓越工程师的素养所要求的吗？一位学习给排水工程的学生总结道："学习这门课，最大的收获是'认知的改变'，学习专业有了'责任、耐劳、广识、大工程观、创新'上的思想变化。"这种思想变化，正是学生在学习中接受并运用大工程观的辩证思维方法带来的，认知的改变，无疑对学生自觉成才起到潜移默化的作用，这是工程教育需要大工程观可达到的教学效果。

四、结语

工程教育需要大工程观，是现代工程、是世界新科技革命、是高等工程教育人才培养目标与国际接轨、是培养卓越工程师素质必须要坚持的一种教育理念。毫无疑问，把这种先进的教育理念用于指导工程教育改革及实践是高等工程教育发展的必然趋势。改革要理论联系实际，要结合人才培养目标，要结合课程建设，要结合教学实践，要抓住教学环节带有共性的关键问题和薄弱问题，有针对性实施工程教育创新和改革。在工程教育中，针对课程建设特点，以大工程观为导向，对课程体系、教学内容、教学方法、教学手段，运用数字技术，全方位实施改革。工程教育需要大工程观课堂教学所期望的教学效果，李培根教授在工程教育需要大工程观那篇文章提到的，学生接受大工程体验、提高人文情怀和宏思维能力培养教育，是可以达到的，最终学生大面积受益，人才培养教育质量得到提高。

参考文献

1. 李培根. 工程教育需要大工程观[J]. 高等工程教育研究, 2011(4)
2. 罗福午, 于吉太. 以现代工程为背景, 进行生动有效工程教育[J]. 高等工程教育研究, 2004(2)
3. 张光斗. 高等工科院校要培养工程师[J]. 高等工程教育研究, 2004(3)
4. 刘少雪. 21世纪工程素质教育刍议[J]. 上海交通大学学报(哲学社会科学版), 2000
5. 龚克. 建立卓越工程师教育的中国模式[N]. 中国教育报, 2010.9.6

每个今天，要比昨天更美好

——《土木工程概论》学习体会

专业：工程管理　　班级：1401　　学号：20143104024　　姓名：李兵

　　敬爱的于老师，您好！这篇论文您在一个月前就布置了，我之所以迟迟没有动笔写，不是因为我没时间我懒，而是因为我还没想好从哪个角度写这篇论文，我怕临时胡编乱凑的几千字给您留下肤浅的印象。而现在，我不想把它当做一篇论文或是一项任务来完成，我想这就是一封信，一封学生写给人生导师的信，一封老朋友之间的书信（我想您是不会在意我这样的称呼，因为我感觉得到您的心和我们的现在以及未来是在一起的）。在这封信中，我可以同您一起谈过去、现在以及未来，谈平凡的生活，谈人生，谈理想。

　　来到这个学校，并没有那么的沮丧，虽说差几分就可以上二本了，但我并不觉得遗憾。在家人的建议以及支持下，我来到了华科武昌分校，并且选了工程管理这个专业。来到学校，周遭的一切也令人比较满意，这里有设备齐全的宿舍，这里有干净的校园环境，这里有优秀的教师，这里有热心的学姐学长，这里还有优秀的我们，所以我觉得我们是幸运的。我一直相信随遇而安，随遇而安不是随波逐流，不必要的抱怨只会让我们对自己所处的环境更加失望，流着眼泪看世界，整个世界都在哭。不忘初心，方得始终，不管是处在顺境还是逆境，我们都必须做到这一点。

　　再谈谈专业问题吧，记得来学校不久，就听到好几个同学说准备明年转专业，理由有很多：对这个专业不喜欢，以后不好找工作，辅导员管得太严……我为什么么会选择这个专业呢？细细想来，颇有渊源，上高中时，我很喜欢看书，那时候很喜欢一名作家，她叫林徽因，不知道您了不了解她，她不仅是一名作家，更是一名建筑家，是民国才女。沿着她的脚步，我又了解到梁思成，学过这位大建筑家的《中国古代建筑的章法》，至此便对建筑有了一定的兴趣。填专业时没有特别喜欢的专业，那时家人建议我读与建筑有关的专业，我便填了工程管理。其实我对我们这个专业了解并不多，在碰到您之前，我就像大海中迷知的航船，每天循规蹈矩的完成自己应该完成的任务。

　　以前听说过这样一段话："如果你想造一艘船，先不要雇人去收集木材，也不要分配任务，而是要去激发他们对海洋的渴望。"如果说我们都是您的"员工"，那么您一定就是那个善解人意的"船长"。是您实行课程改革，不生搬硬套给我们讲书本上已经过时的知识；是您用您的眼睛，间接带领我们走进工地；是您用您独到的眼光，给我们分析最新社会工程事故；是您不厌其烦得给我们讲解大工程观，Engineering with a big E，教我们用现代工程辩证思维的方法认识世界、学习专业；是您用实际行动教育我们要互相"给力"，人活着总要有点精神；是您鼓励我们上课用手机做笔记，让我们使用现代科技使自己的学习更加便捷；是您分享您的网络资源，让我们永远不与社会脱轨；是您让我们学会发问，会不会做？值不值得做？可不可以做？应不应该做？我想这不只是对待工程，更是对待人生；是您带领我们喜欢工程,是您努力把我们朝标准工程师的路上引……在今后的道路上,有您这一盏明灯相伴,我一定不会迷失方向!

大学这半年来,我除了按时上课,完成老师布置的作业之外,还努力在课余时间使自己变得更优秀。我加入了学校校社联的传媒部,学会了如何做宣传单、门票、幕布,还学会了做视频;周末,我有时会出去做兼职,布置婚礼现场,除了能减轻一下家里的负担之外,同时也见识了很多高大繁华的酒店,领略建筑的魅力;有空还会去别的大学找老同学玩,在参观其他学校时,机会好还可以听一些名师讲座;有时去一个景点游览,看到一些特别的建筑时,我会情不自禁想它是建筑物还是构筑物,它与我们书本上的哪些知识有联系;十一月份还代表学校去中国地质大学参加了一次跆拳道比赛,取得了第一名的好成绩……可能说的事有点杂,与专业学习关系不大,但都是平时生活中的一些小感动,任性地想与您分享,勿怪! 当然生活中也有许多不如意的事,也有情绪低落、意志消沉的时候,但我会去努力克服这些不良因素,使自己变得阳光、开朗。

转眼间大一上半学期快过去了,马上将迎来期末考试,在复习备考的同时,我时常会总结,我这上半学期学到了什么知识? 认识了多少良师益友? 又做过什么值得自己自豪的事? 自己的个人价值又提升了多少? 虽然想起来都做得不是最优秀,但至少自己感觉过得还比较充实。泰戈尔曾说过这样一句话:"只管一路走过去,一路上的鲜花自会开放,追寻梦想的道路必定困难重重,但支撑我们的,是不变的信念,所有的付出终将获得丰厚的回报。"我也相信,自己的努力付出,迟早都会得到丰厚的回报。

马云曾说过:"今天很残酷,明天更残酷,后天会很美好,但大多数人都死在了明天晚上。"对于未来,我虽没有长远具体的职业规划,但我会努力学好专业知识,抓住机遇在社会中锻炼自己,也会主动寻求机会去实践、去创新。就让往事随风而散,未来不必过多彷徨,把握每一个今天,我要努力让自己的每个今天,都比昨天更美好。

工程管理的道德是立业之本

——土木工程概论学习体会

专业：工程管理　班级：1103　学号：20111231090　姓名：黄卫东

"学"是仿效，"习"是频频起飞。"学习"，顾名思义是指小鸟反复学习飞。把"学习"二字用在教育上，则意味着通过模仿、读书、听课、研究、参加实际工作等获得知识和技能，并且要反复巩固所获得的东西以便真正得到它。这是从功能上理解"学习"的含义。

在心理学上，学习指经验的获得及行为变化的过程。它可以具体理解为"人在一定的环境中，对某些具体的经验、知识和技能的获得，引起智力的发展能力的提高、情感意志行为的变化过程"。

上了这么多次的土木工程概论课，我认为我各方面还是有不小的改变。以下就从听课、读书知识的获得和情感意志行为的变化几个方面简要谈一谈吧。

说实话，土木工程概论，听起来，绝对是和我们所学的专业有关。它不同于什么"思修""法基"等让人不知所云。一开始，我当然是专心致志地听。但是前两节课一过，我便觉得这门课没什么意思，这是大实话。因为，也许是高中习惯的因素，我们刚从高考那种模式中解脱出来，习惯于被别人安排，如果没有明确的目标或被"放羊"。那么我们便很迷茫，兴致也必然不会那么高。自然而然，我从心理上便没有注重它，因而一边玩手机，一边听课便是我的状态。但是，最让我感动的是于吉太教授的激情永远是那么饱满，这给我留下深刻的印象，他永远用诚恳的语气和到位的肢体语言来向我们传递知识。

要说，人格魅力这个词是我在大一听说的，那是我们高中那年的重点高中文科状元，她在向我们作报告时提到了这个词。她说她们大学代课的一个老师很有人格魅力。在这里，我给借用了。的确，于教授是我大学开始之际第一个让我回味颇多的教授。

慢慢的，我开始改变听课的方式，认真听好每一堂课。我要好好学习这一门课，因为这节课和我的专业有关。虽然我也不清楚这门课最终会有多大作用，但我坚信，作为一门概论课程，从中我一定会提前培养一些专业素质，提前打下坚实的基础。

工程管理，我也不知道当时为什么会选择这个专业，也算是一种缘分吧，我看见它比较顺眼，觉得男生嘛，学工程方面的应该还可以，而后来，录的也正是这个专业，所以我就没想过要换专业。但是，说实话，开学几个月了，我还没读过这方面的书籍，每次进图书馆或到大学生自主学习中心，我读的都是文学和英语方面的书籍。一方面是因为我不知道现如今我们可以看什么书，也不知道该怎么去看，所以，我没有留意关于专业方面的书籍。另一方面，我认为工科学生需要有一定的文学素质。同时，我喜欢英语，我想要把英语学好。

虽说，没有什么关于专业方面的书籍，我却翻了翻土木工程概论，我对我的专业开始有了些了解，我很喜欢。我对工程感兴趣，我热爱这个专业。

至于专业知识，我真的没有什么资格去发表什么言论，我知道了一个字——砼。这是混凝土,以后常见的字。我还知道工程预算、标书、监理、招标、工期等。通过土木工程概论这堂课,我知道了,我们城建将来定会大展宏图,会大显身手,会很有前途。但是任何一个行业的迅猛发展是希望的同时也是一种灾难。

其实,无论什么专业,专业知识固然重要,但与之相应的专业基本道德更加重要。在这方面,于教授没少提,也使我记忆深刻。

我们的专业要求是:节能减排,有利环保。我认为,环保是必须做的事。如今,国家正在提倡可持续发展,这两者是不谋而合的。一个国家固然离不开发展,但是发展绝不能以污染环境为代价。发展与环境同等重要。人类可生存的星球只有一个——地球,如果我们不珍惜现在有的东西,而去浪费,去污染,去破坏,那么我们离毁灭也就不远了。

还有一个有意思的标准:小震不坏,中震可修,大震不倒。请看仔细,再请联系我们现实,有多少关系工程、黑心工程在地震中经不起考验,一倒了之。这是一份良心工程,关乎民生大计。君子爱财,取之有道。把工程做好,各方面合格,你获得利润,无可厚非;但凭借偷工减料去获取暴利,为了一己私利而置他人的安危于不顾,这种行为,我们应坚决杜绝。

关于对所培养人才的素质要求我很有感触。会不会去做,可不可以做,值不值得做,应不应该做,前两个当然是专业标准,第三个是价值方面,最后一个当然是最重要的,但很多人却把最后一个给忽略了。各方面的例子,数不胜数。

可以说,从这些课中,我最大的变化就是情感意志上的转变。我似乎发现一个正在沦陷的领域——道德。我终于明白为什么我们要上思想道德课,为什么从小要上道德课。但似乎中国的应试教育已严重扭曲了这个方向。从小与高考关系不大的课程被冷落,导致本应从小学做人的我们似乎倒过来了,先学知识,再学做人。而往往学做人的环节却被省去了,从小就被灌输功利主义的我们在道德面前越来越显得麻木无从。而今在经济迅猛发展的大形势下,越来越多的人开始放弃原有的道德标准,随波逐流,早已不知何为道德,甚至以遵守道德标准为耻,如此下去,我们还有多少人会重视做人?在无视道德的领域里,卑鄙成为卑鄙者的通行证,高尚只能作为高尚者的墓志铭。这种情形难道离我们还远吗?因此,这是中国的一个悲哀。但是,于教授也许已经意识到这个问题,大力地宣讲道德论。我很庆幸有他这么一位清醒的人,敢于呐喊的人。如果说,当年的革命者是伟大的,那么于教授堪称是一个勇士。他仿佛是一棵树,伫立在静静的夜晚,只为坚守那一轮明月。

工程管理是以土木工程为基础的一门学科,土木工程就是土建,如果没有坚实的根基,又谈何建筑?我们人也一样,没有坚定的道德操守,又谈何人生价值,谈何成就呢?

成人成才课堂

——学习《土木工程概论》的体会

专业：环境工程　班级：0901　学号：20091261011　姓名：胡浩

土木工程概论的课堂生动而富有启发性，在那里有老师的谆谆教导，在那里有学生的聚精会神，它是一个充满激情的课堂。

我们在这里学到的不仅是有关专业的知识，而且更多的是成人成才的道理。老师每次上课都精心地准备教学资料，收集各种有关的消息，以我们现实生活中的例子来教学，这是一种非常好的做法。这种教学方法不仅使我们了解社会的现象，而且引导我们认识其背后的原因以及教给我们有关的专业知识。

在课堂上，老师给我们看的一些案例给我留下了深刻的印象。其中不乏一些令人心寒的例子：如某楼整栋倒塌，某地严重缺水，某河严重污染等，这些例子不禁让我感叹：施工者的责任感何在？企业的环保意识何在？一个没有社会责任感的施工者无疑会给别人人身安全造成威胁，一个没有环保意识的企业无疑是对环境构成了一种极大的威胁。所以我个人认为一个人要有社会责任感，一个团体要有社会意识。

"成才必先成人"，这是最让我受启发的一句话。一个人可以不成才，那是因为有许多其他因素，但至少要成人，则其至少对社会不会产生危害；一个没有成人的人将对社会构成一种威胁，如那种无人品却有专业技能的人对社会将产生巨大的威胁，例如豆腐渣工程的实施者。

作为将来可能从事工程事业的我们来说，一种认真谨慎的工作态度和强烈的社会责任感是必不可少的，若这种基本的条件我们都不具备，将来的我们参加工作将是对社会的极大危害。

基于以上的这些，我深刻地体会到成才必先成人的重要性。但一个人成人成才又不是一件容易的事。

一个人若要成才必须以严格的标准要求自己，需提高个人的修养素质，这是一个渐渐实现的过程。只有成为人之后才能向成才的方向继续前进。老师总是对我们充满期待，总是以真诚的心来引导我们。

"努力是通向成功的唯一捷径"，这是我个人的感受。古今中外成功之人哪一个不是经历千辛万苦，不是通过自己的努力才成功的？所以今天的我们也要通过自己的努力来创造自己的辉煌未来。

努力必然重要，但要选定一个目标，只有有了目标，我们才会有一条笔直的道路，不会因无目标而经历曲折的人生道路。老师曾讲述自己是怎样节约用水的，这让我们十分钦佩。的确，也许我们个人的力量并不能解决水资源缺乏的问题，但只要我们每个人都节约用水，至少可以减轻这种严重缺水的状况。这就涉及个人素质的问题，一个素质良好的人一定能做到。水资源短缺是社会的一大问题，这就涉及我们的环境工程。若被污染的水少一点，那么我们能够利用的水就会多一些，看到这个问题，我不觉有动力去学习这个专业，只有认识到自身对社会的价值，才会有动力去实现自身的价值。21 世纪的我们，未来的工程人员必将能实现自身的价值。

怎样能使自己符合未来工作的需要？这不仅仅要求我们有专业的知识，更需要我们了解其他有关该专业的知识。这就是老师所说的打通专业，淡化专业意识。这种教法有利于我们全面发展。我个人认为土木工程概论这一课堂将这一理念阐释得十分全面，它涉及土木工程专业、工程管理专业、环境工程专业等多专业的知识，适合培养我们全面发展。

许多人说该课堂并没有多少专业知识，像是一节思想教育课，因为每次老师都会给我们讲有关学习、做人方面的内容。老师你以一颗绝对坦诚的心来教我们，确实令我们感动，老师你曾经说过，我不是在说教，而是在用心和你们上课。确实，我们感觉老师更多的是在教我们树立一个正确的人生观，每次上完课都深有感触，备受启发。

尽心尽力的老师，认真听课的学生，充实富有启发性的教学内容构成了这一堂堂的土木工程概论课。我不敢说，我在这每堂课中都十分认真，但我确实学到了不少知识，也受到了许多的影响，这有利于塑造一个良好的人格。

通过这些课时的学习，我对环境工程这一专业有了进一步的了解，并确定了它对将来的社会必将十分重要，在将来必将大有前途，进一步确立了选择学习这一专业的信心，并增强了学习它的动力，这对我们的学习起到了很大的推动作用。

同时，经过学习，自己的社会责任感也增强了许多。一个富有社会责任感的人才会更加关心他人的处境，对自己的行为更加谨慎。如果个人的社会责任感增强一些，那我们的社会将前进一步。

通过学习，更加深刻地认识了社会，更加了解社会所面临的一些问题，这些问题都涉及我们自身的生存环境，是亟待解决的，一种责任感油然而生。这就是时代对我们的召唤，更是时代对我们的要求。我们应该有与时俱进的精神，时刻关注我们所面临的问题，做一个有心人。

大学四年，也许是非常短暂的，但只要每天都过得充实，努力刻苦学习，四年之后，我们一定能有许多的收获，变得更加的成熟。当时光悄然流逝，我们在悄然成长。

土木工程概论的课堂总是让我们颇有感触，总会让我们思索未来的人生方向。我们聆听一堂堂课，在其中渐渐成长，我想今天稚嫩的我们明天终将成熟。

土木工程概论的课堂生动富有启发性，是促使我们成人成才的课堂。

心 的 洗 礼

——学习《土木工程概论》体会

专业：土木工程　　班级：1307　　学号：20133101325　　姓名：王家宝

　　那一年，我走进大学的殿堂。走进的同时，我又发现自己是如此的无助与迷茫，每天梦里都是自己对未来生活的期待。梦醒时分，又发现原来一切都是一场空，作为自己人生的重要一步，我却不知道该如何去度过这一步。虽然有一颗悸动的心，想要奋力挣扎，去追逐属于自己的美丽人生，但同时又对自己充满了怀疑，这真的是我吗？这难道就是我的人生吗？记得刚进高一的时候也充满这种心情，可经历了高中的学习生活后，我发现自己是如此的飘浮，没有一颗真正沉淀的心是无法实现自己梦想的。面对大千世界形形色色的诱惑，让人无法自拔，沉沦苦海想必就是如此吧！究竟如何在沉浮中沉淀一直是我的硬伤，辗转反侧，长夜漫漫！

　　真正走进大学之后，我果然发现自己又在重复自己的老路，继续浮沉，完全没有自己的意识，仿佛自己就是社会这个棋手手中的棋子一样，从大势，随波逐流是我的主题，渐渐的，我又开始沉沦。有时我真的在想，难道我的一生就该如此吗？依稀记得自己高谈人生理想的日子，多么美好，一切不过是镜花水月。当然，"纸上得来终觉浅，觉知此事要躬行"的道理我还是知道的，但是真正实践却有着不可弥补的漏洞，躬行真的就那么容易吗？对我来说，真的好难，日思夜想，终究不能按照自己的意识来过活。但我还年轻，不需要绝望，终归是有办法的，怎么说呢，我也在迷惘，而且问过好几个小伙伴之后，他们都有相同的心情，探讨成了不可或缺的生活。晚上睡不着，几个小伙伴就在QQ上聊起来，思来想去，答案就在思想与行为的统一性上面。如何能做到这一点成了我一切生活行为的出发点。

　　有人说人生有一点很重要，就是在对的时间、对的地点遇上对的人。我的人生大概就是如此，我们大土木有一重要课程，土木工程概论。给我们授课的是一位年逾七旬的老头，当然我是后来才知道的，我以为他也就五六十岁的样子，他看起来总是那么慈祥，总有一种亲和力，一举一动充满活力。这在以往是让人无法想象的，你说七十岁的老头哪里来的那种不输年轻人的活力呢?!答案终于被我找到了！于老师身体虽然老迈，但是心态却不是如此，有句话叫越活越年轻，他就是这样的一个人。就我以往的认知来看，像那种老头教授，所传授的知识大概也就是那些陈年老酒一般古老吧。可就是眼前这个老头，给我看到生活的另一面。是吧，生活怎么可能老是一成不变的呢！生命在于运动，如此生动的老头又怎么可能陈腐？刚开始还不觉得，在他的课上我还是一半听，一半玩，到底是他灵动的生命吸引了我，前卫时髦的ppt动画，时事新闻什么的，他都是信手拈来，讲起来头头是道，总能给人启迪。没见过这么个年纪还精通英文的，发音比我们还要标准地道。那些前卫时髦的信息不知道他到底花了多少功夫，又是从哪里弄到的，总能在你想玩的时候以一些新奇的画面吸引你的注意力，然后回到课堂。到底是什么雕塑了如此人儿？后来我理解了，他老是提到老祖宗这几个字。我们这一代的人自然不可能有他们那一代的体会,就像没经历过饿肚子滋味的人永远体会不到粮食的珍贵一样。他们那一代迫切地需要培养接替他们的人才,要传承那些老祖宗的至理。所以他们的老师的心情同样被他们体会到了。要培养下一代,传承古老的,于是他们都在为此不懈奋斗着。到我们这一代更是如此,看到我们堕落颓废的样子,打心底为我们着急。莫名的臆想,我感觉体会到他们这种心情了,就是培育人才的迫切心情造就他生命蓬勃的姿态,父传子,子传孙,子子孙孙无穷匮也,这就是老祖宗们的思想。于老师想告诉我们的大概就是如此了。在他的带领下,我明白了很多很多。对的,就是要有目标,一个坚定不移的目标,然后终生为此践行!说实话,我活着果真没有目标,于是就有了如今的我。

学习土木工程概论,我学到很多专业知识,虽然没有上专业课,但无形中,土木的大门在我的世界变得更加宽阔。土木工程,简而言之,就是建造节能减排,有利环保的各类土建工程设施的科学技术的统称。土木工程是社会和科技发展的主要先行者。为什么会有土木工程这门课程呢?它又需要解决什么问题呢?它表现为形成人类活动所需要的,环境良好和舒适美观的空间和通道;它表现为能够抵御自然或人为的作用力;它表现为充分发挥所采用材料的作用;还表现为有效的技术途径和组织管理手段。然后我们又该赋予土木工程什么属性呢?其一,社会性,土木工程随社会不同历史时期的需求和科学技术水平的提高而发展,同时也受社会经济、政治、资源、能源和环境等条件的约束;其二,综合性,土木工程是运用多种生态资源和各种科学技术,进行开发、勘测、设计、施工、维护、管理的综合成果;其三,实践性,土木工程是在实践中形成和发展的,一切土木工程的价值判断都依赖于实践;其四,实用经济美观统一性,土木工程必须符合人们的组织和精神需求,力求土木工程的建设成果既实用经济又赏心悦目,是人们需求的必然;其五,建设过程单项性,土木工程一般按照建设单位的设计任务书和招投标要求单项进行设计、施工,并且多数是在自然环境中实现的。发展土木工程的根本就是培养大批掌握土木工程科学技术,懂得土木工程基本属性,具有能解决上述四方面问题的专门人才。于是,大土木工程观就应运而生了!什么是大土木?就是打破专业局限,沟通各种专业知识。所以,要成为一个土木人,就要像诸葛亮那样上知天文,下通地理,经韬纬略,同时要有一颗爱迪生的心,勇于开拓和打破界限传统。工程师的梦想任重道远,现在开始认真学习已成必要。土木工程概论为我四年的大学生活开辟出新的天地。

参考文献

[1] 张光斗. 高等工科院校要培养工程师[J]. 高等工程教育研究,2004(3)

[2] 罗福午,于吉太. 以现代工程为背景,进行生动有效的工程教育[J]. 高等工程教育研究,2004(2)

[3] 李培根. 工程教育需要大工程观[J]. 高等工程教育研究,2011(3)

[4] 谢笑珍. "大工程观"的涵义、本质特征探析[J]. 高等工程教育研究,2008(3)

[5] 王雪峰,曹荣. 大工程观与高等工程教育改革[J]. 高等工程教育研究,2006(4)

[6] 刘少雪. 21世纪工程素质教育刍议[J]. 上海交通大学学报(哲学社会科学版),2000(3)

[7] 于吉太. 工程教育需要大工程观的研究与教学实践[J]. 湖北省第六届教育科学优秀成果,2013.10

[8] 王义遒. 新工科建设的文化视角[J]. 高等工程教育研究,2018(1)

[9] 张大良. 新工科建设的六个问题导向[N]. 光明日报,2017.4.18

[10] 中国工程教育专业认证协会. 工程教育认证标准(试行)[M],2015.3

[11] 中国土木工程指南[M]. 2版. 北京:科学出版社,2000.1

[12] 中国土木建筑百科辞典[M]. 北京:中国建筑工业出版社,1999.7

[13] 罗福午. 土木工程(专业)概论[M]. 武汉:武汉理工大学出版社,2001

[14] 丁大钧,蒋永生. 土木工程总论[M]. 北京:中国建筑工业出版社,1997

[15] 李圭白. 城市水工程概论[M]. 北京:中国建筑工业出版社,2002

[16] 任宏. 建设工程管理概论[M]. 2版. 武汉:武汉理工大学出版社,2012

[17] 崔京浩. 土木工程概论[M]. 北京:清华大学出版社,2012

[18] 叶志明. 土木工程概论[M]. 北京:高等教育出版社,2009

[19] 刘伯权,吴涛,黄华. 土木工程概论[M]. 武汉:武汉大学出版社,2014.7

[20] 赵明华. 土力学与基础工程[M]. 4版. 武汉:武汉理工大学出版社,2014.7